好咖啡为什么好

Culture Café

精品咖啡的溯源之旅

La révolution du café de spécialité

［法］克里斯托夫·塞韦尔 著　法布里斯·勒塞尼厄 摄　贾德 译

中国友谊出版公司

目　录

6 咖啡与美食

7 结语

序

埃里克·斯科托（Éric Scotto）

Akuo 能源公司董事长兼总经理

一袋好咖啡来到我们身边之前，往往已经跨越了千里。品尝咖啡时强烈的愉悦感对我来说有着货真价实的意义，远远超过这杯喝完后满口生香的饮品所带来的瞬间快感。

提到咖啡，我首先想到的是种植者们的辛劳，他们理应凭借自己的劳动成果过上体面的生活。

让他们能为自己感到骄傲至关重要，正是他们的每一份耕耘、每一份关心，让世界另一头的一位咖啡爱好者得到了享受。

为此，我认为极有必要将世界两端的人联系起来，让他们相互认识、了解和交谈。

精品咖啡或单品咖啡的崛起便源于这种碰撞，人们越来越重视这一新兴产业各个环节所包含的知识技能，这也促进了精品咖啡的发展，冲击着过去忽视种植者、大自然和人类的集约化的咖啡生产模式。

3 年前，当克里斯托夫·塞韦尔让我品尝美味的埃塞俄比亚瓦拉加（Wallaga）咖啡时，我立刻爱上了它。从闻到这甘露的第一阵香气起，我便明白了咖啡之地（Terres de café）的任务——缔造生产者与消费者之间的情感和文化纽带。

10 年来，我领导的企业一直致力于开发可更新的分散化的新能源模式。Akuo 能源公司及其基金会的全体员工都秉持着这一理念。

因此，我们为员工、访客以及客户挑选咖啡时，必须选择质量上乘，又完全符合公司价值观的咖啡。

无论为公司还是为自己挑选咖啡都不应仅从经济角度来考量。每一个选择都必须经过深思熟虑：我之所以喝下这杯咖啡，不仅因为它的口感好，还因为它对我的健康有益无害，并且它的生产过程必须对环境完全友好。

为了让一杯咖啡带给我的感官享受一直延续下去，我也不应忘记：如果我不为这杯咖啡付出等额的金钱，这种生产方式、味道和每天品尝上等咖啡的愉悦时刻便无法存续。

我的选择会带来决定性的影响。咖啡的价格能否让生产者养活自己和家庭？能否让他产生将古老的知识技能传递下去，并且精益求精、不断产出高质量咖啡的欲望？他能否保证生产方式不会对地球环境造成不良影响，从而也不会对消费者和种植者的健康造成不良影响？一个日常小举动的背后隐藏着如此多的问题。

一些从业者会花时间思考这些问题，花时间挑选，花时间在生产者和消费者之间建立联结，这也是他们的义务。当我们把一杯咖啡举至嘴边，任凭自己陶醉在美妙的香气之中，我们便与五湖四海的男男女女产生了联系。

正是出于以上价值观，Akuo 基金会与咖啡之地缔结了合作伙伴关系，旨在开展有益的项目，帮助咖啡生产地方便地获取可更新能源，提高教育质量，保护生物多样性，最终造福生产者和他们的家庭。

愿通过我们的努力，未来品尝咖啡时，这些旅途、影像和笑容都能伴随美妙的香气一起浮现在大家面前。

右页图·埃塞俄比亚杜里（Dulli）咖啡合作社的小生产者。

前言一　咖啡革命

2012年6月，科学记者玛吉·柯斯-贝克（Maggie Koerth-Baker）在《纽约时报》的一篇文章中列举了将会改变我们未来几年日常生活的32个发明。其中，喝一杯好咖啡排在第二位。她的结论是基于奥利弗·斯特兰德（Olivier Strand）记者的观点："在不久的将来，咖啡不再会是咖啡的味道，至少不会像现在一样带有烘焙的焦味。一直以来，大咖啡厂商通过统一风味、掩盖缺陷的方式来培养均一的口味。如今，最好的咖啡生豆都采用真空包装，而不是装在麻布袋里。容器的改良能让烘焙师烘焙出带有苦橙、杏仁或干浆果等不同口味的咖啡。咖啡的质量逐渐提升，变得越来越精致，而过度烘焙则会成为历史。"在几年后的今天，当我们回头看时，会发现记者们的看法不无道理。

作为这一次咖啡革命——又称咖啡"第三浪潮"——的亲历者，我观察到了深刻的改变。如今，新的单品咖啡烘焙方式层出不穷；无论是在法国还是在全世界，精品咖啡店的数量与日俱增；咖啡师成了一个"真正的"职业，职责越来越多；餐厅老板越来越重视用咖啡为就餐过程添上画龙点睛的一笔，企业则希望用好咖啡来褒奖员工；咖啡爱好者的圈子不断壮大，越来越多的人希望加入进来一探究竟；科学研究不断加深着我们对咖啡及加工过程的了解。

右页图·烘焙师的梦想就是置身于全世界最优秀的咖啡树中间，品尝每一颗果实的甜美浆液。我在危地马拉博尔萨庄园（Finca La Bolsa）主雷纳尔多·奥瓦列（Renardo Ovalle）的私人花园里实现了这一梦想。

前一跨页图·埃塞俄比亚耶蒂（Yéti）农场正在进行质量筛查程序。所有的咖啡樱桃都在非洲晾晒床上铺开晾晒。为保证晾晒均一，咖啡樱桃层的厚度不能超过2厘米。晾晒是发酵过程的最后一步，好的发酵离不开好的晾晒。

上述观察只是冰山一角。为了走到这一步，热忱的从业者们对咖啡产业各个环节的做法提出了质疑。传统咖啡产业为追求数量而牺牲质量，使得种植者和农业合作社只能分得最小的一杯羹。传统咖啡产业仍旧占据着市场上的极大份额。全球咖啡饮用量不断增加，每秒钟全世界都会消耗255千克咖啡，即每年800万吨，而我们所说的"精品咖啡"只占了其中极小的一部分。可喜的是，世界各地精品咖啡的销量正在急剧增长。

因此，市场上正在形成一种能够与传统咖啡产业抗衡的分支，它以风土、自然和人为基石，以可溯源性、卓越性、良性营销手段和尊重自然为支柱，以用合理的价格提供高质量的美味咖啡为目标。

接下来，我们将深入该产业的核心，一同探索庄园劳作以及咖啡烘焙和制作的过程。我们会发现咖啡是一种复杂的产品，加工过程中每个环节的每个细节都至关重要。我们还会领略到各种风土的丰富的咖啡品种以及各自在品鉴上的特点，最终意识到购买一小袋咖啡的举动其实是一种社会和哲学行为。

左页图·一场杯测活动正在准备中。直接将热水注入咖啡粉，浸泡完成后，撇去表面浮渣，品鉴者用小勺啜吸咖啡液，同时用力吸气，以便辨识所有香气。这种专业的咖啡品鉴方法被称为"杯测"。

前言二　咖啡文化

咖啡无处不在，无论是在家中、公司、小餐馆、大饭店，还是在电影、歌曲、绘画中，它都伴随着世界各地人们的日常生活。咖啡的成功离不开我们与这一特殊饮品的亲密关系，它的气味能让我们回想起儿时关于分享的回忆，尤其是一家人坐在一起吃早餐的时刻。每个人都有自己的喜好和习惯：水多、水少、浓稠、加奶、加糖、手冲、意式浓缩、法压、绝不在中午前喝、总是一起床就喝、搭配一小块巧克力……

从更广的角度来看，不同民族根据各自的历史和文化特点，拥有不同的咖啡烘焙和饮用习惯。比如意式咖啡或拉美咖啡烘焙程度极深，萃取时间极短，而北欧咖啡则稀释得更加充分，更加澄澈。因此，咖啡是一种文化产品。

其次，咖啡中藏匿着一种神奇的分子，一种生物碱，即咖啡因。咖啡因是精神兴奋剂，可以增强注意力、承受力和身体协调能力。除非饮用过量，咖啡因不会对人体造成危害。恰恰相反，咖啡能帮助我们改善状态、调节心情，找到工作日和休息日的节拍。当我们与同事闲聊或与家人、朋友分享咖啡时，咖啡还具有社会功能。

最后，咖啡还会散发出复杂而迷人的香气。它与咖啡豆的产地以及用于调味的香料有关。咖啡能散发出香草、桂皮、薄荷、姜、百里香、茉莉花、巧克力、蜂蜜、红色水果、黑色水果、白色水果等香气。咖啡是多么神奇。

小小的咖啡豆用 300 年征服了全世界，成为人们的生活必需品之一。50 年间，农用工业和超市统治着咖啡市场，导致城市和村庄内的许多小烘焙商破产，咖啡的质量也跌至低谷。最近 10 年，咖啡被承认是一种原产地产品，也被划入了美食的范畴。我们将有幸亲历一项古老知识技能的复兴甚至新生，因为咖啡从未如此美味。

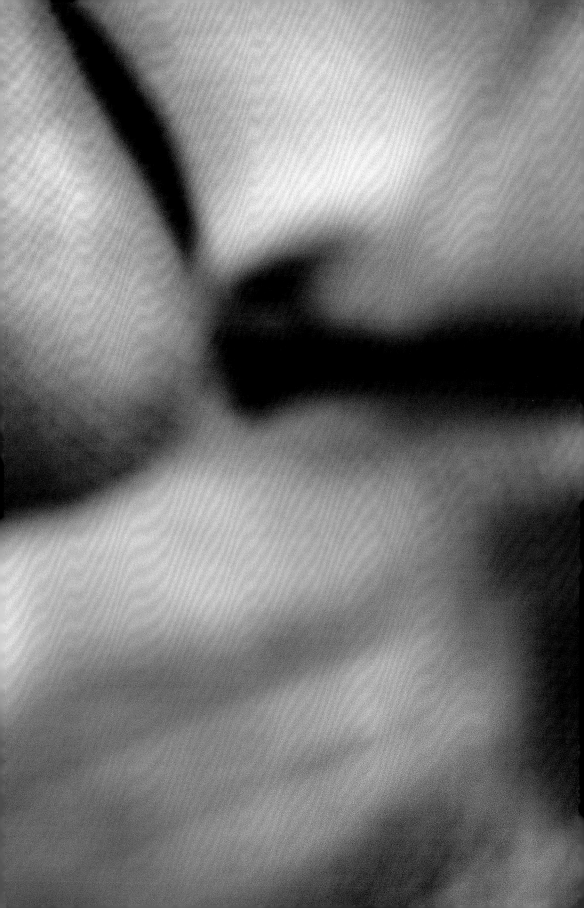

1

历史
小回顾
Bref rappel historique

我们将一同探寻咖啡的历史和咖啡风味的演变。

咖啡的历险

埃塞俄比亚既是人类的摇篮，也是阿拉比卡（Arabica）咖啡的摇篮。在东非大裂谷西部、海拔100米至3000米的潮湿山地热带雨林中，人们发现了最早的野生阿拉比卡咖啡树的踪迹。该品种如今被归在铁皮卡（Typica）的类别下。它的历史或许可以追溯至10万至20万年前，但是很难断定其具体年代。

许多神话和童话故事都讲述了咖啡的发现过程和饮用咖啡的益处。最初，咖啡被埃塞俄比亚的农民和牧民以各种形式食用。7世纪或8世纪左右，咖啡传至也门，尤其受到苏菲派的喜爱，因为咖啡能作为兴奋剂帮助他们完成修行活动。直到15世纪，也门人才开始大量饮用和种植咖啡。首先传播咖啡饮品的是阿拉伯人，也是他们将也门和埃塞俄比亚出产的咖啡豆命名为阿拉比卡。也门成了第一大咖啡生产和出口国，摩卡港出口的咖啡数量尤多。咖啡便是从那里开启了它的传奇篇章。波斯朝圣者从麦加归来后将咖啡带回了波斯，随后流传至整个奥斯曼土耳其帝国（包括现在的北非、叙利亚，当然还有土耳其）。开罗和君士坦丁堡出现了第一批咖啡馆。

下图·直接将咖啡豆置于陶板上的传统篝火烘焙。陶板需根据火焰的情况进行调整，以免烤焦咖啡豆。

地点：埃塞俄比亚耶蒂森林

16 世纪，欧洲拜倒在咖啡的魅力下，首先是意大利，其次是荷兰、英国和法国。咖啡通过马赛港到达法国境内，在全法掀起了一阵热潮，喝咖啡甚至成为当时巴黎的一大风尚。欧洲各大海运公司纷纷将咖啡装进运送香料和其他东方产品的货船中，咖啡在 16 世纪末产生了真正的经济价值。欧洲、美洲需求不断，供不应求。

之后，咖啡种植开始迈向国际化。殖民和贩卖奴隶的时代到来了：未经开垦的土地取之不尽，廉价劳动力用之不竭。欧洲人将咖啡与棉花和甘蔗一起引进他们新占领的土地：荷兰人首先在锡兰（斯里兰卡旧称），随后在印度尼西亚；法国人在马提尼、瓜德罗普和留尼汪；葡萄牙人在巴西；英国人在牙买加；西班牙人在拉丁美洲纷纷种起咖啡树。随后，法国人不惜以口感为代价，在西非尝试种植罗布斯塔（Robusta）咖啡豆。

咖啡品味的演变

从埃塞俄比亚人和也门人，到穆斯林朝圣者和欧洲旅行者，再到太阳王路易十四的宫廷，最初的咖啡爱好者们喝的都是单品咖啡。人们先从野生咖啡树上采摘，后自行种植。同一片区域采收的咖啡豆会被集中起来（埃塞俄比亚如今依旧如此），再卖给也门的咖啡商。

在 1832 年热尔曼–艾蒂安·库巴尔·多尔奈（Germain-Étienne Coubard D'Aulnay）发表的《咖啡专著》（*Monographie du café*）中，指出阿拉伯人钟情于哈拉（Harrar）咖啡，最上等的咖啡都被土耳其人和埃及人买走。萨尔瓦多埃尔曼萨诺（El Manzano）农场主、中美洲精品咖啡先驱埃米利奥·洛佩斯（Emilio Lopez）表示，他们的家族种植传统可以追溯至世界大战前，每个农场和产区的豆种各不相同，那时便已开始将出产的咖啡划分为不同批次。

直至 20 世纪中期，咖啡一直与产区密不可分。来自福地阿拉伯（阿拉伯半岛西南地区）、埃塞俄比亚或也门摩卡港的咖啡绝不能混为一谈。咖啡品种也有博尼菲尔（马提尼克岛、瓜德罗普）、尖身波旁（波旁岛，即如今的留尼汪岛）等之分。

右图·用木杵研磨咖啡。

地点：埃塞俄比亚耶蒂森林

　　每个产区出产的咖啡都有自己的风味特点。但是过去的咖啡是否比如今的更好呢？首先，它肯定不差，否则咖啡不会征服全世界，但是也不见得比现在更好。过去的筛选和发酵操作十分随意，也不存在水洗处理法，咖啡樱桃直接放在地上晾晒。甚至在今天，埃塞俄比亚瓦拉加地区的一些村庄仍旧让咖啡樱桃自己在树上晒干。至于烘焙技术，过去当地人将咖啡豆放在陶板上，甚至直接放在火上烘焙，欧洲人则用火炉或极其简陋的烘焙装置烘焙，因而无法保证均一、稳定的焙烧。冲泡咖啡时，人们用煎煮的方法（土耳其法），即直接将咖啡放入水中煮沸，咖啡的细腻、纯净、清澈程度可想而知。直到 17 世纪末，滤泡式咖啡壶才在法国被发明出来。

　　世界大战前，法国的每个城市和几乎每个乡镇都有咖啡焙烧坊。咖啡在那里经过烘焙后以豆或粉的形式售卖给顾客。焙烧坊里通常也卖茶叶和香料，以及磨豆机、咖啡壶等用品。焙烧坊是获取建议、探索新品的好去处。

法国黄金三十年（1945—1975年）的到来伴随着消费主义、食品加工业和超市的兴起。作为每个法国家庭的日常必需品，咖啡自然成了大生产商和超市的追逐目标。这对配合默契、势如破竹的搭档敲响了咖啡和手工烘焙者的丧钟。和其他所有食品一样，咖啡的售价和原材料加工成本都有所下降，这便要求生产商增加产量、统一口味、简化制作方式、增强市场营销、增加欺骗性宣传。

具体而言，生产商购入大量低价的存在质量问题的咖啡豆。它们可能来自未成熟、已腐烂或遭到虫蛀的咖啡樱桃，可能在发酵和干燥过程中受到了损伤，也可能是一些碎豆或之前没能卖完的陈豆等。这些次品豆与质量一般的传统咖啡豆一起装袋，有些甚至与价格只有阿拉比卡咖啡豆一半的罗布斯塔咖啡豆混装。为了掩盖缺陷，生产商用高温烘焙咖啡豆，用焦臭味掩盖咖啡本身难闻的气味或缺少香味的事实。随后，品相不佳的咖啡豆经过研磨消失得无影无踪，生产商却辩称这是因为咖啡粉用起来更方便，真空包装可以保存香气。何来香气？他们还称速溶咖啡与手冲咖啡质量一样好，加糖饮用风味更佳。加糖实则是为了抵消让人无法忍受的苦味。广告上，一个蓄着八字胡的拉美人闻着咖啡原产地的生豆，小生产者在山上过着幸福生活，而事实却是只要咖啡交易价格稍有波动，他们的生活便会受到翻天覆地的影响。咖啡工业的最后一个产物是小份咖啡，即胶囊咖啡和易理包（ESE，Easy Serving Espresso），这些咖啡质量平庸，价格却是普通咖啡的一倍、两倍甚至三倍，销量竟然还能在市场上保持领先，销售手段实在漂亮。我们之后还会提到。

如今，95%的咖啡都在超市中出售。这些没有对产品质量把关的超市让法国人忘记了咖啡的本质——在制作前购买新鲜烘焙的咖啡豆或咖啡粉。那些超市让咖啡具有了单一、平淡、以苦味为主的糟糕口味。重新认识咖啡的第一步是改掉自己的坏习惯。

上图·咖啡粉，更准确地说是捣碎后的咖啡，直接倒入热水中煎煮。几分钟后，咖啡便能饮用了。

精品咖啡革命
La révolution du café de spécialité

我们将从欧洲精品咖啡协会对"精品咖啡"的定义出发，了解咖啡加工的三大步骤。

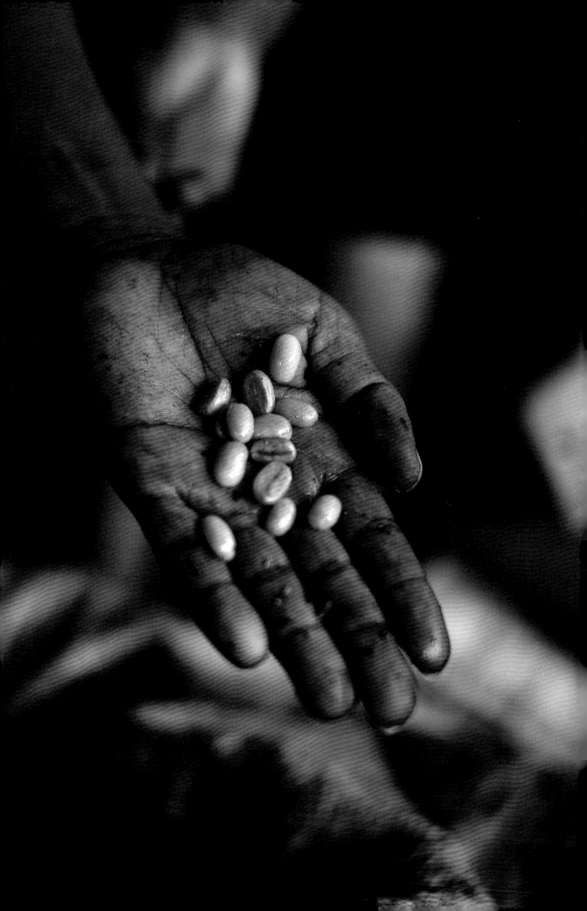

欧洲精品咖啡协会（SCAE）对精品咖啡给出了如下定义："精品咖啡（或美食咖啡）是一种以咖啡为基础的高档饮品，被（特定市场、特定时期的）消费者认定具有独特的品质、鲜明的口味和特点，优于一般的咖啡饮品。该饮品制备时需选用由特定产区种植的咖啡生豆，并且符合最严苛的生产、处理、烘焙、保存和制作标准。"

因此，精品咖啡的高质量与对生产环节每位参与者的高要求密不可分，生产环节的参与者即生产者、进口者、烘焙师、咖啡师和餐厅老板。但它更离不开广大消费者，他们代表了数量最多的末端转化者，绝大多数咖啡都是出自他们之手。链条中的任一环节若是出现问题，最终的咖啡成品都会受到影响，这就是咖啡的复杂之处。俗话说细节决定成败，精品咖啡尤是如此。

让我们就从这个定义出发，进一步了解咖啡加工的三大步骤。

高档咖啡

左页图·咖啡樱桃最初为绿色，经过数月的生长后逐渐成熟，由黄转红，最后变为石榴色甚至黑色。

阿拉比卡种与中粒种

首先有必要区分咖啡树在植物学上的两大品种。

阿拉比卡种

该品种生长在海拔 500 米至 2000 米的地区。海拔越高,咖啡树越密集,结出的果实越能散发出丰富、复杂的香气。阿拉比卡咖啡树根系垂直,可深入地下 2.5 米,因此能充分吸收土地的养分,进而转化为丰富的香气。与葡萄品种相似,阿拉比卡种也存在多个亚种,它们都是埃塞俄比亚和苏丹原生铁皮卡自然或人工杂交出的近亲。每一个亚种都有自己的风味特点,可以做出各具特色的咖啡。咖啡的风味既由风土决定,也与各农场采用的处理方式有关。

中粒种(即罗布斯塔种)

该源自西非地区的咖啡品种也被称为罗布斯塔种。罗布斯塔咖啡树根系水平,生长在低海拔地区。它们枝干粗壮,可以抵御严酷气候和疾病,果实数量和咖啡因含量均是阿拉比卡种的两倍,但在生长过程中需要大量水分。罗布斯塔咖啡豆香气平淡,甚至气味难闻,这是因为豆中咖啡因含量非常高,苦味占主导地位,有时还伴有金属味,冲泡出的咖啡液通常较为浓稠。

罗布斯塔种生产成本低,因此常被用于工业生产。罗布斯塔咖啡不属于精品咖啡,我们在此也不做详细介绍。

无论是阿拉比卡还是罗布斯塔,它们只有生长在热带地区才能完全成熟。

右页图·开花的咖啡树:每一朵白花都会变成一颗果实,由于咖啡树结出的果实颜色红艳,它们也被称为咖啡樱桃,每颗咖啡樱桃内含有两颗咖啡豆。

18、19 页跨页图·铁皮卡咖啡树:一根枝条上结出的咖啡樱桃成熟程度不同,采摘者必须小心翼翼,只采摘已经完全变红的咖啡樱桃。

风土以及在产地完成的加工

风土覆盖一种或多种土壤，以合作社或庄园的采收区域为界。除土壤以外，气候、农民的选择和知识技能都是风土的组成要素。任一要素都会对咖啡的质量造成决定性影响。土壤的成分是火山土、黏土还是沙土，土壤中包含多少酸性物质，排水是否良好，这些都会影响咖啡的风味。高纬度有利于果实的成长，纬度越高，果实成熟的速度越慢，糖分含量越高。一些地区拥有特殊的风土条件，比如埃塞俄比亚的咖啡产区覆盖着大面积的植被，哥伦比亚安第斯山脉中部地区天气阴晴不定，时而多云，时而降雨，时而雨过天晴。

海拔1500米以下的地区很少出产优质咖啡。但是，即便拥有了优质的原材料，要想将它转化成精品咖啡，也离不开人类严苛的要求和细致的筛选。

下图·瓦拉加传统房屋，埃塞俄比亚

左图·刚刚采摘下来的咖啡樱桃

所选豆种会极大地影响咖啡在杯中的表现。在过去的很长一段时间内，我们都倾向选用产量高、对当地风土适应能力强、具有较强抗病能力的杂交品种，比如卡杜拉（Caturra）、卡杜艾（Catuai）和新世界（Mundo Novo）。如今，精品咖啡的生产者通常根据不同品种所能表现出的风味特点进行选择。风味越佳、越稀有，需求就越高，价格也就越高。精品咖啡与工业生产咖啡的逻辑恰恰相反。

如今，许多著名的古老品种已经离开自己的原生风土，栽种到其他地方，比如瑰夏（Geisha，巴拿马铁皮卡）、苏丹鲁姆（Soudan Roume，苏丹）、波旁和尖身波旁（留尼汪岛）、SL28（肯尼亚）、马拉戈日皮（Maragogype，巴西）及其变种马拉卡杜拉（Maracaturra）等。

然而，要是没有优秀的种植技术，豆种再卓越也无济于事。

豆种的
选择

勃艮第
还是波
尔多？

我最早探访的咖啡生产地之一是萨尔瓦多的喜马拉雅庄园（Finca Himalaya），之所以叫这个名字，是因为它坐落在咖啡种植区内最高的一座山峰圣安娜山（Santa Ana）上。一番介绍后，庄园主毛里西奥·萨拉韦里亚（Mauricio Salaverria）问我心仪的咖啡是要具备波尔多还是勃艮第葡萄酒的特点。我又惊讶又好奇，向他坦言我对勃艮第毫无招架之力，它的美妙和细腻都让我倾倒。比起波尔多，毛里西奥的天然红波旁咖啡豆的确与那些种植在法国北方的优秀葡萄品种更相似。

从豆种选择到生豆装袋，毛里西奥的专业知识技术决定了他出产的咖啡豆的质量。

右图·在雷纳尔多·奥瓦列的花园内，一株咖啡树正准备下地。

地点：危地马拉拉博尔萨庄园

右页图·依傍危地马拉最高的山脉，韦韦特南戈省（Heuheutenango）能够生产出细腻度在中美洲数一数二的咖啡。

咖啡樱桃并不是同时成熟，采收期可延续三个月之久。高质量的采收离不开人工筛选，只有这样才能保证仅采下完全变红的咖啡樱桃。采收者必须在 10 小时内将果实运至处理中心，否则咖啡樱桃就会开始发酵，这一批咖啡豆便会遭到降级。然而，有时只能靠骡子运输，有时又需要穿过海拔 2000 米的泥泞山路，此时运输过程会变得非常艰辛。每一批采收下来的咖啡樱桃必须根据采摘区域（风土或地块）、豆种和发酵方式进行分类，归到相应的类目下。

采收和
溯源

左页图和上图·人工采收时，农民会将成熟的果实一颗一颗摘下，以获得优质、均一的咖啡批次。

地点：危地马拉拉博尔萨庄园

发酵及干燥方法

发酵是咖啡的第一道加工程序。咖啡樱桃由果壳、果肉（中果皮和外果皮），以及保护果核（咖啡豆）的内果皮构成，内果皮外还包裹着一层薄皮。发酵的目的是去除内果皮外的果肉。发酵过程必须受到严密的控制，防止整个批次的咖啡豆出现重大瑕疵，比如造成土豆、洋葱，甚至腐烂的气味。发酵方式的选择对咖啡风味的形成至关重要。

日晒法或自然法

咖啡樱桃一到达农场或合作社，便会在太阳下曝晒数日。将它们码放在非洲晾晒床上最佳，放在瓷砖上次之，放在水泥地上最次。晾晒过程中，农民会挑出未成熟、破损、虫蛀的咖啡樱桃。等咖啡豆外只剩下内果皮后，再进行最终筛选。

只有高度准确的发酵过程才能带来均一的结果：干燥时间必须适当，通风必须充足，咖啡樱桃必须单层码放，且需不时翻动，夜间需要遮盖，而当第一缕阳光出现时就要揭去遮盖物。

日晒法是古老的发酵方法，由于技术含量低、成本低，所以一直用于处理低端咖啡豆。然而日晒法常会给咖啡带来浓烈、美味、有个性的风味，所以精品咖啡的生产者也普遍采用此法。

杯中特点

由于发酵过程连带果肉进行，经过日晒法处理的咖啡常带有甜味，咖啡液醇厚且特征鲜明。

下图·洗净后，将咖啡豆在阳光下曝晒，并挑除劣质豆。

地点：埃塞俄比亚杜里（Dulli）

蜜处理或果肉日晒法

　　这是目前比较流行，也是比较新颖的一种处理方法，介于日晒法和水洗法之间。将咖啡樱桃的果肉全部或部分去除后，再移至晾晒床上曝晒。

　　根据残留的果肉多少，蜜处理被分为了不同类别。留下的果肉越多，需要日晒的时间就越长：

- **黑蜜**——几乎带有全部果肉

- **红蜜**——带有 50% ~ 90% 的果肉

- **黄蜜**——带有 50% ~ 75% 的果肉

- **白蜜**——带有 10% ~ 20% 的果肉

　　残留的果肉越多，冲泡出的咖啡越甘甜、有个性；相反，残留的果肉越少，咖啡的细腻度和酸度越高。

杯中特点

咖啡风味理所当然地介于日晒法和水洗法之间，在圆润、醇厚、富有个性的同时，也不失优雅和细腻。

上图 · 为保证均匀的晾晒，每天需将咖啡樱桃翻动多次。

地点：尼加拉瓜布宜诺斯艾利斯庄园

较之日晒法更纯净、细致，不如日晒法醇厚，但更细腻。

水洗法

• 全水洗法

咖啡樱桃到达农场或合作社后，先将它们浸入装满水的水池或虹吸设备中，挑出质量不佳的浮豆，改用日晒法晾晒。其他咖啡樱桃则转入果肉筛除机，去除果壳和果肉，再移至发酵池，浸泡24至48小时，直至果肉完全消失。让咖啡豆在水中发酵可以控制发酵温度，并去除咖啡豆内一部分的咖啡因。随后，与日晒法一样，将带有内果皮的咖啡豆放在太阳下曝晒。

也可使用低温烘干机（30℃左右）将豆子烘干，但是必须严格遵守标准，否则无法获得均一的效果。该方法能确保水分均匀地分布在咖啡豆内，有利于咖啡的储存和烘焙。与日晒法一样，水洗法也要求高度准确，发酵时间必须严格把控，发酵池必须定期保养、清洁，水量必须根据待处理咖啡豆的多少进行调节，并需不时翻动咖啡豆。

水洗法对设施要求高，耗水多，盛行于拉丁美洲。由于水洗法能展现出优质阿拉比卡咖啡纯净、细腻的特征，它是全球精品咖啡生产者首选的处理方式。

• 双重水洗法

该方法与水洗法大致相同，只是咖啡豆从发酵池取出后需再次浸入清水水池浸泡数小时，然后再进行干燥。双重水洗法也被称为肯尼亚法，用该方法冲泡出的咖啡在纯净度和酸度方面着实惊人，因而中美洲逐渐开始采用此法。

· 半水洗法

与水洗法相似，但缺少发酵池的步骤。咖啡樱桃除去外果皮后直接在阳光下曝晒，之后如有需要还可放入烘干机烘干。该技术的优点是耗水少、占地小，设备成本也更低。

杯中特点

纯净度较全水洗法略逊一筹，但醇厚度更高。咖啡液十分澄澈、优雅。

上图和左图·剔除果肉后，咖啡豆在发酵池中发酵 8 ~ 10 小时。

地点：埃塞俄比亚杜里合作社

机械加工

机械加工步骤包括去除内果皮、筛选和装袋。该过程可以直接在农场或合作社内进行，也可以在专门的工厂内进行，埃塞俄比亚普遍采取第二种方式。咖啡豆根据密度、豆径、颜色和瑕疵程度被分成不同等级，瑕疵的成因可能是采摘不当（未熟豆或腐烂豆）、遭虫蛀或处理失误（发酵掌控不当，去除果肉时误伤豆子；晾晒不当，设备不洁或保存不当）。密度最高、最整齐、瑕疵最少的一批豆子有望成为精品咖啡豆，最终成功与否取决于杯测表现和最终评分。拥有整套加工设备、能够独立完成上述所有操作的农场被称为"庄园"（estate），可在袋上骄傲地标上"由某某庄园装袋"的字样。

上图 · 太阳下山前，人们用篷布将咖啡豆遮盖起来，抵御夜间的湿气和雨水。

地点：埃塞俄比亚杜里

静置

无论用哪种处理方法，咖啡生豆都必须在避光、恒温条件下静置至少一个月，所有优秀品质方能显现。

装袋

长久以来，人们简单地认为装袋就是将咖啡生豆装入容量为 60 至 70 千克的麻布袋（规格视国家而定）中。然而，装袋技术也在不断发展，因为麻布袋会对咖啡风味造成影响，为最后的咖啡成品带来缺陷。有时，咖啡豆会被装在货轮集装箱中，在海上漂泊一个多月，为了将高质量的精品咖啡完好无损地运至目的地，人们会先将咖啡豆装在专用袋中，再装进麻布袋。专用袋能够在保护豆子的同时确保通风。最优质的生豆甚至会用真空包装。

需要特别指出的是，所有批次的咖啡豆，包括最糟糕的豆子，都会售出。次品豆销往（生产国）国内市场，而质量最好的咖啡豆则用于出口或被送至工厂进行商品化或去咖啡因处理。这就是我们很难在咖啡生产国喝到优质咖啡的原因。

从栽下一株咖啡树苗，到咖啡豆抵达烘焙坊，中间需要经历漫长的过程。要想生产出质量上乘的咖啡豆，生产过程的每个步骤都离不开成熟的知识技术、严谨、精益求精的工作态度，以及大量的人力。因此，精品咖啡的价格比普通咖啡的价格更高，一分钱一分货。而且必须用对比的眼光看待价格，比如要是在法国生产咖啡生豆，生产成本会比现在高出两到三倍。精品咖啡已经是最能让人负担得起的美食了。

上图·先将生豆装入半密闭的专业谷物袋（GrainPro）中，再装进麻布袋。

左图·带内果皮的咖啡生豆经过干燥后，需静置一段时间，再进行机械加工。

下一跨页图·几批咖啡豆即将送至工厂接受机械加工。

地点：危地马拉拉博尔萨庄园

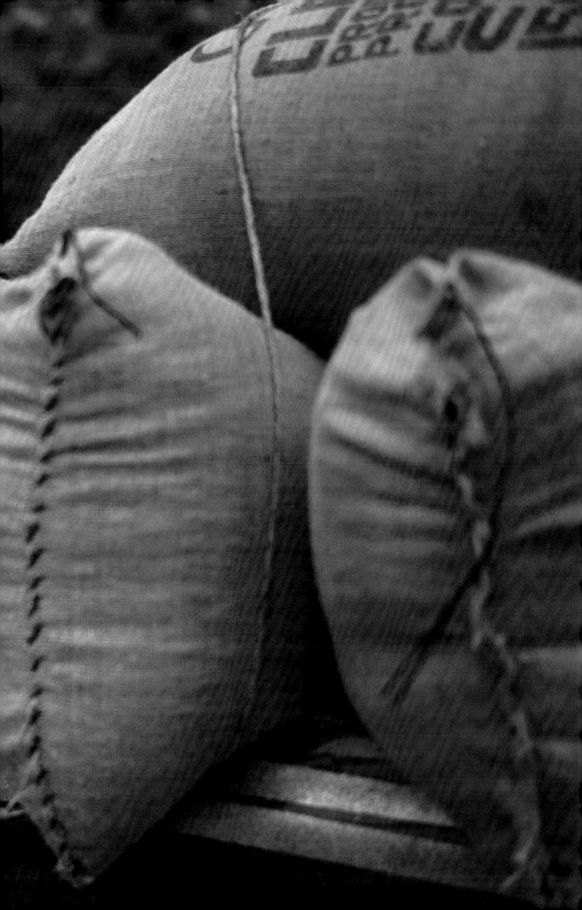

良性全球
产业链

精品咖啡产业与传统咖啡产业有两个主要的不同点：第一，精品咖啡的价值取决于它的内在品质；第二，精品咖啡的生产者、进口商和烘焙师休戚相关，利益一致。

随着精品咖啡市场在咖啡消费国出现并不断壮大，种植者的生产目标也在近 10 年发生了转变。小生产者明白了只有重质不重量，才能提高自己的生活水平。此外，精品咖啡的生产者不再受咖啡交易市场的价格摆布，因为精品咖啡市场与传统咖啡市场是"平行市场"，交集很小。即使交易市场的咖啡价格因投机等原因骤跌，精品咖啡的价格也不会或几乎不会下跌，因为精品咖啡的交易以质量为导向，目前仍处于供不应求的状态。

与波尔多和勃艮第的某些酒庄一样，最优秀的咖啡农场也会将生豆预售给烘焙商，收取预付款和额外补助。生产者们根据烘焙商转化原材料的能力以及是否能将咖啡豆以合理的价格出售来选择烘焙商。如今，一些农场主甚至会在咖啡价格中加入差旅费。为了更好地抓住消费国市场，农场主会来到客户所在地，观察他们的工作方式，以便在之后的生产中参考对应国家的消费习惯。

当我刚开始从事精品咖啡行业时，我经常会去世界各地"寻宝"，会一会当地的生产者，但没有一位生产者会来巴黎回访。如今，反倒是巴西、萨尔瓦多、哥伦比亚、哥斯达黎加、埃塞俄比亚的生产者们来我这里参观。

其中有些人对质量的追求尤为执着，比如一向尊敬自然、以人为本的巴西人克罗塞一家。接手福塔莱萨法曾达（Fazenda Ambiental Fortaleza, FAF）家族庄园后，马科斯将土地分为 10 份，精心研究发酵方式，转向有机种植。他和儿子费利佩随后将自己的方法介绍给了附近 200 个小农场主，帮助他们更好地出售咖啡，减少对河流和土壤的污染。马科斯和费利佩还说服他们开展多种栽培，让他们吃上自己种的水果和蔬菜，摆脱工业生产的玉米卷饼和冰箱里的可口可乐。总之，让他们更健康、更独立地生活，以自己的职业为傲。如今，FAF 转型成了产区合作社，以帮助数百家小微生产者更好地出售产品为奋斗目标，已经取得了可喜的成绩。

还有一些生产者为采摘咖啡樱桃的农民盖房屋，为他们的孩子建学校，比如哥伦比亚的拉埃斯佩兰萨农场（Granja La Esperanza）和危地马拉的拉博尔萨庄园。最优秀的瑰夏生产者之一、巴拿马德博拉庄园（Finca Deborah）的庄园主哈米松·萨瓦赫（Jamison Savage）为在自己农场工作的当地工人建造房屋，帮助他们开展多种栽培、自给养殖，他按年支付农民薪水，并根据工作质量授予奖金。

上图·头顶香蕉的农场女工。对于合作社的农民来说，咖啡农场就是他们的家园，他们也会在农场上种植水果，自给自足。

　　这种良性的经济模式已经开始影响最贫困的采摘者，他们向不同的生产者出售自己的劳动。前文已经提到，只有保证采收质量，尽可能收取成熟的咖啡樱桃，才有可能生产出优质的咖啡成品。采摘者的技术水平越来越高，他们的薪酬不再仅与采摘数量挂钩，而是按工作时间给付，采摘质量高者还能拿到一定的奖金。

　　然而也不应过分乐观。在咖啡生产国，精品咖啡的附加值大部分流入了种植者及其家庭和长工的口袋，最底层的农场工人依然非常贫穷。虽然咖啡需要投入大量人力，但咖啡的价格依旧不高，这就是原因所在。然而，生产国人民的生活水平正在缓慢改善，精品咖啡的需求不断增加，提高咖啡价格也是顺理成章的事。

埃塞俄比亚是咖啡种植的摇篮，凭借独一无二的风土条件和保存完好的自然环境，埃塞俄比亚向世界输出着个性独特、无可比拟的咖啡。

数量众多的小农场主汇集成一个个农业合作社，这便是埃塞俄比亚的咖啡生产模式。一些合作社会保证出产生豆的质量，另一些则不会。埃塞俄比亚人成功地将古老的知识技能与日趋严谨、精准的现代处理技术相结合，在重视质量的同时又不忽视产量，这让埃塞俄比亚成为精品咖啡第一大生产国。

让我们跟随下面的照片去往埃塞俄比亚与苏丹的边境附近的瓦拉加、耶蒂村庄以及杜里森林，见一见那里的小生产者和他们的家人。

埃塞俄比亚

01

01. 小生产者及其家人，耶蒂。

02. 传统房屋。

03. 一位妇女带着宝宝从集市归家。

04

07

05

06

04. 丁萨·索雷索（Dhinsa Soreso）花园
    的百年咖啡树。

05. 丁萨·索雷索的女婿，他正在家中挑
    选最美丽的咖啡樱桃，留给一家人
    自用。

06. 与丁萨·索雷索一家重聚，照片右侧
    便是93岁的丁萨·索雷索。

07. 埃塞俄比亚传统咖啡壶。

后一跨页·耶蒂村庄的大部分家庭都以种
植咖啡为生。村民也会开展一些小型自给
农业（水果、蔬菜、蜂蜜等）以及小型畜
牧业，如45页照片中出现的绵羊。

对抗气候变暖的影响

怀疑论者或许不以为然，但是气候变暖确确实实正在发生，对全世界咖啡生产的影响也越来越大。雨季逐渐缩短，夜间气温越来越高，白天越来越炎热、潮湿。在这种情况下，咖啡树也更易受到叶锈病等疾病的影响，叶锈病有时可以摧毁整个采获期的全部果实。20 年前，锈菌仅在低海拔地区的咖啡树上繁殖，近 10 年来已经波及中海拔地区，未来蔓延至精品咖啡集中的高海拔地区也绝非不可能。

最悲观的预测是，50 年后中低海拔的咖啡树全部灭绝，叶锈病在高海拔地区的咖啡树中肆虐。这或许是危言耸听，但是从现在起，烘焙师和进口商就必须为保证供货而未雨绸缪，农场主也需要开发新的种植地块。

精品咖啡产业很难仅凭一己之力对抗气候变暖，因为土壤和水源之所以会被污染，很大程度上归咎于我们的生活方式。多年来我们开发化石能源，不惜一切地追求经济增长。尽管如此，我遇见的农场主大多热情洋溢、热爱自然、尊重生物多样性。从很久以前起，他们便意识到密集种植、使用化肥和农药会让土地变得贫瘠，对咖啡质量百害而无一利。咖啡树只有在与环境和谐相处的情况下才能结出最完美的果实。

于是，许多开展有机农业的农场变成了当地动植物的殿堂。混农林业和生物动力是最理想的农业方式，但是对于咖啡来说，它们仍然处于初步探索阶段。我们之后还会提到。

烘焙商在采购过程中的责任感

烘焙商应购买以清洁方式生产的咖啡，以鼓励正确的种植做法。这些咖啡的价格可能相对较高，但与其能带来的利益相比却微不足道。烘焙商可以在展销会上向顾客介绍这些咖啡的品质以及高价的理由。

如果消费者知道自己的消费行为能够促进整个产业的良性发展，他们也会愿意为高质量的产品买单。

以可持续农业为己任

我们还可以再进一步，发展可持续农业。不应将可持续农业与公平贸易混淆，只有将人与社会的因素全部考虑在内，农业才有可能是可持续的。当农场工人拿着1美元的日薪，过着衣衫褴褛的悲惨生活，他们的孩子无法享受医疗、教育，我们还能堂而皇之地出售贴着有机标签的咖啡吗？这种社会和经济模式在生产国能站得住脚吗？答案是否定的。我们看到了19世纪资本主义在欧洲的野蛮发展，也目睹了今天的一些工人甚至以自杀的方式表达诉求，他们无力反抗现有制度，在不幸面前做出了极端的行为。

土地、河流、森林、空气和生态系统中的人类共同构成了农业发展的基石，只有在基石得到保护的情况下，农业才可能是可持续的。农民必须找到或重塑自信心，得到合理的报酬，为自己圆满完成的工作感到骄傲，必须能吃饱穿暖，能够抚养、教育自己的孩子，体悟到生活的意义。

左页图·在咖啡之路上，埃塞俄比亚杜里村庄附近。

如今的精品咖啡农场承袭了过去的运作模式，它虽无力颠覆，但也不是造成该模式的原因。人们经常指责咖啡农场雇佣童工，这的确也是事实。比如当危地马拉的季节工出于经济原因去哥斯达黎加打工时，自然会带着妻儿一起迁移。农场主之所以招季节工是因为哥斯达黎加较危地马拉相对发达，存在劳动力短缺的情况。农场主会在农场内建托儿所甚至学校，教孩子们读书、写字、尊重自然。他们为农场工人盖房屋，提供清洁的水源，保障基础医疗服务。他们教授采摘者正确的采摘方式，给予奖金，向他们反复灌输尊重动植物的思想。农场主对当地的劳动力也是如此，他们以这种方式提高季节工的忠诚度，受过培训的季节工会因得到了雇主的优待，来年依然回到这里。

这些措施是农场主的一种投资，高水平的劳动力有助于提高产品质量、树立农场的全球声誉，从而吸引国外买家。此外，这些农场主已经有能力将一部分收益用于改善季节工的生活水平。烘焙商有义务优先选择能够全面考虑种植环节的农场。每年我都有机会前往几个咖啡生产国实地考察，我发现越来越多的农场主意识到了这个问题。

经验表明，最好的咖啡往往都出自这些农场。

上图·培育室。咖啡树幼苗根据豆种被分为不同类别。

进口商的道德承诺

这里的讨论对象不是在远期市场上购买生豆、不在乎产品来源的大进口商，他们的主要客户是工厂。虽然他们最近也察觉到了风向的转变，开始提供微批次产品，但是占主导地位的依然是质量堪忧的统货。

随着精品咖啡在全球崛起，组织严密的精品咖啡进口商为烘焙商供应起世界各地的微批次咖啡。他们不在远期市场上购买，而是直接向生产者或合作社采购。他们确保出口批次与试喝时的样品同样优质。多年来，他们编织起一张美丽的大网，以买家的身份影响着其他参与者。他们给农场主提供培训，帮助他们习得与豆种和可溯源性相关的知识。合作社获得与培训内容相符的生产手段、掌握咖啡的制作方法，让整个生产过程符合可持续的要求。

上图·参观不同的晾晒方式。

进口商对烘焙商也起到了积极的作用，他们为烘焙商提供尽可能多的原产地信息，跟踪精品咖啡转化过程中已经建立的环节，支持形成中的项目，让烘焙商熟悉产业链的各个环节。未来，或许他们在信息方面还会起到更大的作用，尤其对于那些没有条件也没有时间实地考察生产者的小烘焙商而言。此时，进口商的职责是向烘焙商灌输全面可持续的概念，教导他们尊重土地、动植物和农民。该工作模式将会成为精品咖啡产业的未来，就像生态农业[①]毫无疑问将是农业生产的未来一样。

我坚持在本章提及法国进口商贝尔科（Belco），从咖啡之地创立起，我们一直是合作伙伴。该公司在埃塞俄比亚瓦拉加的农业合作社开展培训，资助以出口为主的合作社建造非洲晾晒床，直接给采摘者提供奖金，堪称进口商的模范。此外，他们还为烘焙商提供生豆、烘焙以及销售培训，采用各种市场手段增加精品咖啡的价值。

有了这样的运作模式，生产者、采摘者、烘焙商、消费者以及进口商自己，所有人都能从中获利。

[①] Pierre Rabhi, *L'Agroécologie, une éthique de vie* (Arles, Actes Sud, 2015).

直接贸易

另一种精品咖啡交易模式被称为直接贸易,由英语"Direct Trade"直译而来。

直接向生产者采购咖啡对于消费者来说具有极强的象征意义,但却会为烘焙商带来诸多不便。直接贸易无法保证批次的整体质量,需要在进口工作上花费大量时间,由于无法大批量购进,运输成本也会增加,最终导致成品价格上涨。烘焙商必须拥有雄厚的资金实力,因为通常需要在生豆发货前,甚至在采收前付款,这会限制烘焙商的自身发展及其所能供应的咖啡种类。

直接贸易的做法有时会让人无法忍受。比如一位烘焙师出于兴趣或自身修养来到一个精品种植园,热情好客的当地人包他吃住、旅游,结果他只买了两小包咖啡豆,甚至什么都没买!农场主和他的团队理应得到更多尊重。

直接贸易能够与进口商供应的产品互相补充。一些鼎鼎大名的小生产者会将所有产品直接卖给他们认可的烘焙商,以换取津贴。绝大多数生产者则更倾向于与进口商合作。诚然,讲价的空间或许没有直接贸易大,但进口商购买的生豆数量要多得多。这会让生产者的经济更有保障,也有利于他们构想未来的发展计划。

我个人更喜欢三方贸易。我会优先选择进口商现有的产品,进口商可以利用其渠道帮我采购更独特、更稀有的咖啡。如果我想购买某种咖啡,但之前没有与生产它的农场或合作社打过交道,我会在第一时间前往实地考察。依靠这种方式,我构建起自己的生产者名录,再让我的进口商与他们取得联系,由进口商负责进口、财务和质检。

这也是直接贸易,只不过是一种适度的直接贸易。

右页图·自 20 世纪 70 年代起便在危地马拉拉博尔萨庄园工作的农场工人。

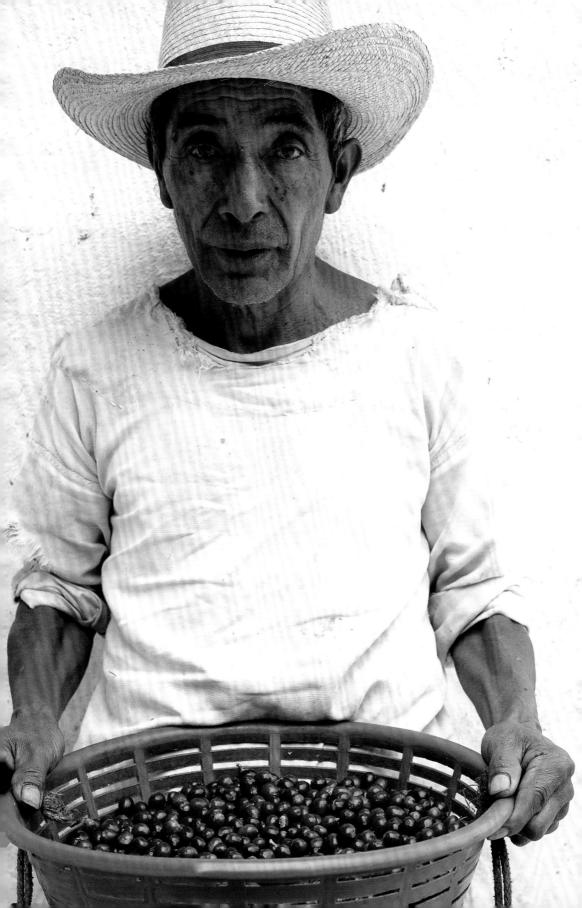

烘焙，另一个世界

烘焙是咖啡加工的第二步，与咖啡在生产国经历的第一次加工一样，烘焙步骤同样至关重要，烘焙师必须具有完备的知识技能和极高的精确度。打开包装后，最令人心情愉悦的事莫过于观察和嗅闻生豆。但凡具备些许经验，便能轻松地鉴别出优质的咖啡生豆：大小整齐、豆粒完整，没有虫鼠叮咬的痕迹；颜色幽深，从蓝色到翡翠绿色不等；气味浓烈而纯粹，带有清新扑鼻的植物气味，柠檬、西柚、草莓、香蕉、桑葚、蓝莓、可可等各种果物的香味诱惑着我们的感受器。通过生豆，我们便能隐约窥探到熟豆的风味。咖啡豆在烘焙前能挥发出 200 种香气，而烘焙后则可挥发出多达 800 种香气。

烘焙方式

烘焙的目的是将生产品转化为熟产品。听起来很简单，实则不然。乳猪和牛排会用同样的方法烹调吗？乳猪是用烤的还是用焖的？牛排要带血还是要五分熟？

咖啡也是如此。生豆的密度不同，选用的烘焙方式也不同。生豆的密度主要取决于豆种、种植海拔、原产地、大小（豆径）、豆内水分分布以及湿度。

咖啡的制作方式也会影响咖啡的烘焙方法：是用萃取法（意式浓缩或摩卡壶），还是用滤泡法（温和的制作方法）？

近15年来，烘焙方式有了长足的进步。随着精品咖啡的到来，"新烘焙师们"希望突出咖啡的气味品质，而烘焙过程恰恰会掩盖咖啡豆原本的风味。工业生产则正好相反，它的目的是用烘焙遮盖生豆的瑕疵，因此常常烘焙至产生焦苦味，也就是所谓的木炭豆。

烘焙机的制造商也是推动烘焙进步的重要因素。制造商们生产出越来越精密的设备，帮助烘焙师完美地掌控烘焙过程，设备的配套软件能够精确地绘制、分析烘焙曲线，再用手动或自动的方式复制烘焙程序。

不同种类的咖啡机

烘焙机多以煤气为热源，主要分为三类：

• **直火式**：燃烧器（火焰）位于单层或双层滚筒（以双层为优）的下方。由于购入门槛低，小手工烘焙师常采用这种机器。

• **半热式**：燃烧器位于烘焙机外，将热空气带进滚筒。这种机器加热温度更高，同时又不会烤焦咖啡豆，温度控制更加精准，有利于重复操作。

• **热风式**：热风式烘焙机没有滚筒，只有一个加热室，咖啡豆悬空在热气流中加热。这种机器烘焙速度极快，常用于工业。

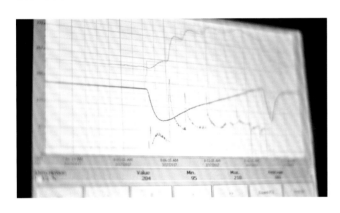

烘焙曲线

烘焙曲线随着咖啡豆的种类、特征，烘焙师的风格，以及烘焙设备的变化而变化。

一条烘焙曲线上有四个变量。第一个变量是温度，从生豆进入烘焙机开始，直到咖啡豆爆裂。第二个变量是滚筒中的风量，滚筒是烘焙机的心脏，也是豆子由生转熟的地方。最后两个变量分别是滚筒的风门大小和滚筒叶片的转速，叶片在整个烘焙过程中不停地搅拌咖啡豆。烘焙曲线能够描绘各个阶段进展的快慢情况，以及咖啡豆在烘焙机内发生的物理和化学变化。咖啡豆在烘焙过程中会释放香气

左上图·布兰巴蒂（Brambati）设备上的烘焙曲线程序。

烘焙步骤

烘焙的步骤如下：

• **起步：**将咖啡生豆放入已经预热的滚筒中，等待咖啡豆温度上升，直至与滚筒温度相同，开始烘焙。

• **脱水阶段：**豆内水分逐渐蒸发。

• **催火阶段：**咖啡豆开始由绿变黄，气味也逐渐改变。梅纳反应发生，香气出现。

• **一爆阶段：**咖啡豆内残留的水分继续蒸发，细胞壁在巨大的压力下破裂，咖啡豆的中心受热，气味、酸味、焦化反应、焦糖化反应（决定咖啡浓稠度）的曲线直线上升，但不同步。咖啡豆的颜色越来越深（斯特雷克氨基酸合成反应）。

• **二爆阶段或热解阶段：**咖啡豆变为黑色，气味曲线下降，焦化反应曲线上升。咖啡豆逐渐产生焦味和氨味。

结果由过程决定

假设我们从 200℃的炉温开始烘焙，13 分钟后炉温达到 205℃，停止烘焙。咖啡在这 13 分钟经历的旅程，也就是烘焙曲线的变化情况，对咖啡最终的风味影响极大。咖啡豆的颜色可能完全相同，但味道却有着天壤之别。

如果我们一开始就将炉温设定得极高，使咖啡豆迅速脱水，烘出的豆子会具有十分明显的酸度；相反，如果延长脱水时间，烘出的豆子则会更加甘甜。如果在脱水后、一爆前，我们持续提高炉温，留给香味形成的时间便会很短；而如果我们让烘焙曲线平缓变化，则能更好地控制焦糖化反应。

　　烘焙师的选择和妥协至关重要。在一爆结束至二爆开始的这段时间内，咖啡各方面的特点并不会同步出现：首先出现的是酸味，其次是香气，再次是口感，最后是焦味。酸度越高，浓稠度越低；浓稠度越高，香气越少……这就是为何烘焙方式需要与咖啡的制作方法相对应，如果采用滤泡法，烘焙师应力求让咖啡更纯净、果味更浓、苦味更低，不得让咖啡产生焦味；而意式浓缩虽然也不能忽视果味，但应更强调浓稠度，同时也不能过度烘焙，掩盖香气。

　　要得到一杯多脂、微酸、芳香、甘甜、平衡的完美意式浓缩绝非易事，生产者的知识技能、烘焙师的烘焙技巧、咖啡师的制作才能，三者缺一不可。

上图·观察刚刚烘焙完毕的一炉咖啡豆。

01   02

这不是一堂烘焙课

本书不会提供任何烘焙课。烘焙师必须寻找属于自己的方法，也就是合适的烘焙曲线，以达到自己想要的效果。他（她）必须知晓自己的咖啡豆能变成什么，希望杯中的咖啡呈现出哪些特征。我们无法为正确的烘焙下定义，也无法指出哪些是优秀或糟糕的做法。

但是我依然可以把"我的认识"告诉大家：烘焙是一种艺术和方式，目的是找到通往梅纳反应和斯特雷克反应的正确路径，并良好地操控这两种反应，以免破坏咖啡的自然风味。换句话说，烘焙就是尊重和突出风土的作用，同时将咖啡烘熟。剩下的就只是风格问题了。

1911 年，法国人梅纳发现酸性物质和蛋白质会在受热情况下产生香气，后人便用梅纳的名字为该反应命名。长时间以来，人们一直以为只有在一定温度下，经过一定时间后，梅纳反应才会发生。一些品牌仍旧将这一"信仰"当作一种营销策略，打出 20 分钟慢炒的口号。事实上，如果咖啡烘焙时间超过 15 分钟，风土的优秀品质就会丧失，生产者细致入微的工作付诸东流，细腻的花香、果香消失殆尽。只要温度超过 160℃，梅纳反应便会发生，而时间则决定了反应的程度。烘焙师的能力正是体现在能够根据最终的制作方法和风味，找到合适的反应程度，获得自己想要的效果。

03

　　一些用于温和冲煮法的咖啡豆的烘焙时间可以少于10分钟。烘焙时，让炉温迅速升高，让梅纳反应和斯特雷克反应短暂发生。在一爆过程中，当酸度曲线升至最高点时，立即取出咖啡豆。这样一来，咖啡便能展现出更强的酸味、纯洁度和轻盈的口感，更易消化，烘焙味较不明显。但也要避免因烘焙不足而造成适得其反的效果，比如香气未能得到发展，仍保留着让人无法忍受的青涩味。

　　用于制作意式浓缩的咖啡豆则应采用更加和缓的烘焙方法，温度变化循序渐进，先升后降，稍稍延长烘焙时间，让梅纳反应进一步发生。依据这样的烘焙曲线，我们便能得到一杯焦糖味更浓、口感更醇厚的咖啡，咖啡的表面也会产生那层著名的"油脂"。这种烘焙方法的困难之处在于，必须保证咖啡豆烘焙充分，产生醇厚的口感，但同时也不能让烘焙味过于浓烈，掩盖咖啡本身的香味。烘焙结束后，根据不同的烘焙曲线，咖啡豆会失去15%至20%的重量（由于水分蒸发），增加20%至30%的体积。

01. 烘焙结束后，需先观察烘焙效果是否符合预期，再关闭设备。

02. 烘焙一结束，就应将咖啡豆转移至冷却机中，避免咖啡豆继续受热。

后一跨页图·冷却机不断吸入、排出空气，叶片不断搅动咖啡豆，让咖啡豆尽快停止受热。

　　虽然咖啡烘焙的方法并不唯一，但是无论多么新颖的烘焙方法，都需要遵守一些不可忽视的基础知识，否则很难烘出好咖啡。想深入了解咖啡烘焙的读者不妨读一读斯科特·拉奥（Scott Rao）的《咖啡烘焙师手册》（*The Coffee Roaster's Companion*）。

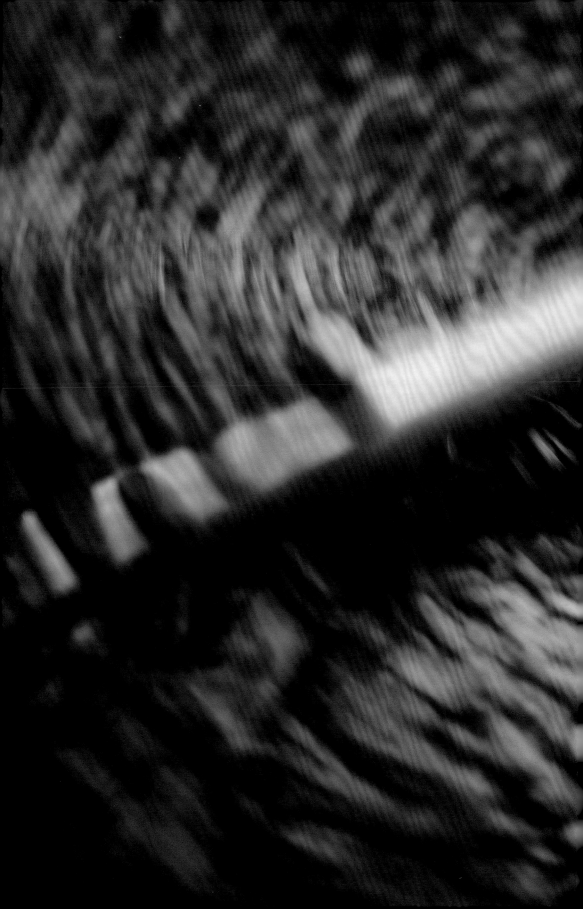

法国咖啡协会每年都会组织"法国最佳烘焙师"竞赛。自 2017 年起，法国精品咖啡协会还办起了法国烘焙锦标赛，冠军将代表法国参加世界锦标赛。

均一度

烘焙软件能够帮助烘焙师细化烘焙曲线，还能保证烘出的每炉豆子具有一定的均一度。均一度的重要性体现在两方面：首先，普通或专业消费者会对某种咖啡的某种风味产生依赖，如果每次购买的都是同种咖啡，而咖啡的风味却总在变化，消费者便会迷失方向，悻然离去。其次，均一度对意式浓缩尤为重要，不同的烘焙效果会为设备调节和萃取带来难度。要得到一杯优质的意式浓缩本已不是易事，如果还需要为每袋咖啡豆调整设备参数，且在调整出正确的参数之前先得浪费半袋咖啡豆，实在让人无法接受。

保存和新鲜度

咖啡生豆带有水分，是一种生鲜产品，必须在采摘之后的 1 年内进行烘焙。时间久了，即使保存得当，咖啡豆依然会丧失强度和复杂性，甚至产生尘土的味道。

最近，我看见一家著名的胶囊咖啡厂商竟然吹嘘他们用 6 年前采摘的咖啡豆做出的"珍藏"咖啡……

生豆包装

生豆保存时必须隔绝高温、气味、氧气和光线。传统上，生产者会将生豆直接装在麻布袋中。然而麻布起不到任何保护作用，相反，麻布的气味还会渗透到咖啡中。一旦发生这种情况，咖啡豆便会被认为存在严重瑕疵，无法成为精品咖啡。

所有精品咖啡都会事先用带有微孔的塑料袋（GrainPro）包装，这种袋子能避免杂味和光线进入生豆，同时保证生豆的湿度，与直接用麻布袋包装存在质的区别。最好的生豆会用 5 千克、10 千克、15 千克容量的真空包装袋打包，这是保存生豆的终极武器。真空包装的缺点是袋子一旦打开，生豆便会迅速氧化，必须尽快烘焙。新的发明层出不穷，一些出口商甚至提供带有脱气阀的"100%隔离"包装袋，这正是精品咖啡行业健康发展的体现。

上述所有手段都不能保证生豆原封不动地到达烘焙师的手中，烘焙师必须掌握调整烘焙曲线的技巧，从而保证成品的质量。

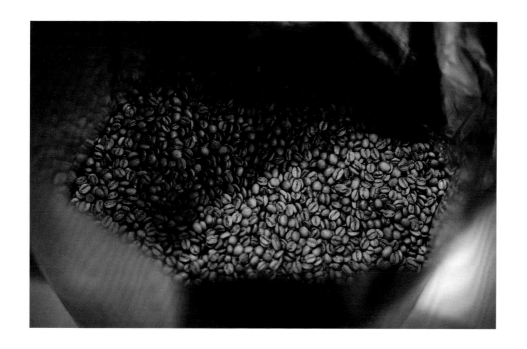

保证咖啡的新鲜度

烘焙师的工作并不局限于烘焙咖啡，还需要保证熟豆的新鲜度。虽然烘焙过的咖啡豆是干燥的，但它并不是惰性产品，且会在短时间内氧化。我们可以饮用 10 年前烘焙的咖啡，喝完之后也不会生病，但是咖啡的香气会被哈喇味取代，咖啡液会变得稀淡、苦涩，甚至发臭。

确保咖啡的新鲜度离不开优秀的生产管理。换言之，烘焙师需要根据当前销量和销售预期决定烘焙的频率。用于意式浓缩的咖啡豆可以在烘焙后十余天萃取。如果萃取过早，咖啡豆中仍留有大量气体，会造成生涩的口感，刺激口腔。相反，用于滤泡的咖啡豆可以在烘焙的几天后便开始使用。如果超过两个星期，咖啡豆的风味便会改变，强度会下降；如果超过一个月，咖啡豆就只剩下一抹"余晖"了。可以肯定的一点是，宁可出售过生的咖啡豆也不要出售过老的咖啡豆，并且需要告知消费者烘焙日期。

存放咖啡熟豆的包装袋也是控制新鲜度的一种工具。它必须隔绝空气、光线，还必须带有单向阀，保证空气只出不进。

上图·新鲜烘焙出炉的咖啡豆卸货、装袋。

拼配咖啡豆

烘焙师将不同种类的咖啡豆混合在一起，创造出一种独特的配方——拼配豆。拼配的做法在精品咖啡行业中并不流行，而常用于工业生产或所谓的手工制作。拼配可以让商家根据现有库存和远期市场价格出售产品，而不顾及产品质量。换言之，商家在某段时期买入市场上价格最低的阿拉比卡和罗布斯塔咖啡豆，然后计算差价，制定最有利可图的拼配方案，而非以稳定和风格为导向。拼配豆的烘焙过程大多迅速、猛烈，结束时会洒上少许水分，最后再给它们冠上一个传达不出任何信息的名称，例如"意大利拼配""本店特色拼配""浓郁口味拼配""特殊储备""美味拼配"等。

精品咖啡则反其道而行之，关注整个咖啡生产流程的可溯源性：产区、农场、豆种、处理方式，所有构成名豆的因素都有据可循。因此，很多烘焙师质疑把不同名庄的咖啡豆混合在一起的做法，认为这样会扰乱来源、破坏纯洁度。人们也常说怎么能把勃艮第和波尔多混在一起！此话不假，但是如果非要用葡萄酒来做类比的话，一些原产地命名控制的葡萄酒不是也会混酿不同品种的葡萄吗？

在波尔多，人们甚至会提取不同木桶里的葡萄汁液，再将它们混合成产区葡萄酒，甚至名庄葡萄酒，每种汁液都会因自身鲜明的特点而互相影响。

对于以温和方式冲煮的咖啡，我当然倾向于使用单一产区的咖啡豆，但是对于意式浓缩来说，我认为拼配有利于完善这项微妙的艺术。亲自实践后，我甚至相信精品咖啡豆能为烘焙师们带来前所未有的拼配可能性。

意式浓缩的各项特征往往比较均衡，拼配不同种类的咖啡豆是为了让咖啡具有某种特殊的风格。根据风格的不同，咖啡会在平衡的基础上点缀一种或几种强烈的香气——巧克力、红果、香料等，产生某种特殊的强度——柔和（甘）、强烈（果味突出）、爆炸性（果味极强）等。拼配豆也能改善咖啡师在萃取意式浓缩时苦苦追求的目标——浓稠感。

　　由于精品咖啡精确度高，且海拔、豆种和处理方式决定了它的特性，拼配精品咖啡豆非常简单、有趣，而且存在无穷无尽的可能性。比方说我希望拼配出一种柔和的且带有精致的酸味和少许辛香的咖啡，我可以选用 50% 以甘、柔、醇为特点的巴西日晒咖啡豆为基底，用 30% 哥伦比亚高海拔地区的水洗咖啡豆增添稍许酸味，最后用 20% 埃塞俄比亚瓦拉加日晒咖啡豆增添辛辣味和提高浓稠度。

　　我还可以选用同一地区的不同咖啡豆进行产区内拼配。我们正是以这种方式，凭借"当地原生种 3 号"（Heirloom 3）拼配豆获得了"2015 年法国最佳拼配意式浓缩"比赛的冠军。这是由埃塞俄比亚瓦拉加地区的两种日晒豆和一种水洗豆拼配而成的咖啡，三种咖啡豆密度相似，可溶解物质多。同一农场的不同品种或采用不同处理方式的咖啡豆也可以进行拼配。

　　对于烘焙师来说，单一品种的咖啡豆要想实现酸度、口感、气味的平衡非常困难，拼配确实是一种达到三者平衡的手段，只要用于拼配的咖啡豆密度统一、便于萃取。

上图·用于温和方式冲煮的浅焙咖啡豆。

法国
"新式
烘焙师"

虽然我不喜欢这个一概而论的词语，但在 2010 年前，确实只有四五个人在无意识地推动精品咖啡行业的形成。

我相信其他从业者与我的看法相似：正是我们对产品的热情、对风土的热爱以及对精品咖啡潜在市场的信心一直支持着我们，让我们在经济和心理方面都没有垮塌。最初几年，消费者的确普遍认为咖啡中的翘楚是由一位杰出演员代言（如今仍然是他）的某著名胶囊咖啡品牌。咖啡师与餐厅老板谈论的也不是咖啡的品质，而是"随豆附赠"的机器和批量购买的优惠。

当时，我们已经形成了自己的风格、方法和视野。有的人比较精英主义，有的人更开放，还有的人跟随英美国家的潮流或效法其他更加时髦的做法。这些从业者如今仍在经营，且都保留了各自的特色。因此，"新式烘焙师"的说法有些以偏概全，是一个大杂烩式的称号。更何况许多烘焙师在"新式烘焙师"出现之前就已经转向精品咖啡。看到高质量的咖啡逐渐在世界各地出现，我们很欣慰，因为每当一个人品尝到一杯好咖啡时，美好的体验便会停留在他的记忆中，并呼唤他不断将之更新。

正如一位朋友所说："人一旦尝试过好的东西，就无法满足于从前了。"

右页图·精品咖啡不仅质量高，豆相也极佳。

咖啡
制作

既然精品咖啡是一个整体，烘焙师和他的团队就必须为顾客提供一些咖啡制作方面的建议。这最后一道加工会为前两道工序画上圆满的句号，也可能让它们付诸东流。

我们经常将精品咖啡与好酒作类比：优质葡萄酒同样强调风土，离不开高质量的采收、分拣、发酵、混酿和装桶，也会产生丰富的香气，品尝时让人心情愉悦，甚至收获意想不到的情感体验。

这种类比有助于理解咖啡的世界，但也仅限于此。首先，好酒可以经年，随着时间的推移会发展出不同的风味，而咖啡豆必须在采摘后的一年内烘焙，烘焙后必须尽快饮用。其次，顾客买酒时，酒窖主会给他提供饮用温度、醒酒、年份和配餐方面的建议。葡萄酒装瓶后便会成为最终成品，而装在袋中的咖啡豆还需要萃取。

小小的咖啡豆在经过多次历练后仍需进行第三次也是最后一次加工——咖啡制作。与前两次加工一样，咖啡制作对严谨性和准确性的要求极高。

即使在世界上最优秀的烘焙师那里买到了世界上最好的咖啡豆，也不能保证做出好喝的咖啡。水过多或过少、过冷或过热，研磨程度过粗或过细，咖啡量过多或过少，都会葬送生产者和烘焙者的心血和制作者的好心情。

并非一切萃取出的物质都是有价值的，优秀的萃取能让咖啡找到平衡，让各种香气和谐共处。

右页图·火箭意式浓缩（Rocket Espresso）咖啡机

阅读至此，您也不必沮丧，只要遵守某些原则，做出的咖啡就不会差。

几条规则

新鲜烘焙的好咖啡豆

咖啡豆如果放得太久，或研磨时间在几小时、几天甚至几个月
前（如超市出售的咖啡粉），便很难做出令人满意的咖啡。

恰到好处的研磨度

不同的制作方式需要配合不同研磨度的咖啡粉：

面粉状（土耳其咖啡）

精细（意式浓缩）

精细 / 中等（摩卡壶）

中等（滤泡）

粗（法压壶）

如果我们用滤泡咖啡的研磨度来做意式浓缩，便会得到一杯萃取不足、索然无味、毫无油脂的咖
啡；相反，如果我们用意式浓缩的研磨度配合法压壶来制作咖啡，则会得到一杯萃取过度、苦味
过强、酸味混乱的咖啡。

根据制作方式增减粉量

依然是为了避免萃取不足或过度。

适宜的水温

根据制作方法的不同，水温在90℃至95℃。

如果水温过高，咖啡会产生焦苦味；如果水温过低，则会导致萃取不足，酸味过强。

合适的水量

制作方法不同，所需的水量也不同。若水量过多，会导致咖啡萃取不足，苦味过强。苦味的成因
咖啡因会溶解在水中，因此水量越多，咖啡因含量越多。若水量过少，咖啡则会萃取过度。与人
们的普遍认识相反，加双份水比加单份水的意式浓缩含有更多咖啡因，滤泡咖啡比意式浓缩的咖
啡因含量更高。

为了让大家有一个更具体的认识，我们在之后的配比建议（见101～120页）中给出了水量和粉
量的数值。

再加把劲

当然并非所有人早晨起床后都会用温度计和秤来做咖啡。我们可以用小勺来控制粉量，用即将烧开的水冲泡咖啡，但是这种做法实在可惜，尤其当我们买到了好咖啡之后。

市面上存在能够控制水温的电热水壶，也有价格并不高昂的电子秤。解决了这些问题后，其余要做的仍旧是改变自己的习惯。以这种方式做咖啡的确会耗费更多时间，但是好咖啡完全值得您这么做。咖啡制作是整体体验中重要的一环，是厨房里的一个小食谱，做出一杯好咖啡会给人满满的成就感和愉悦感。

容器和内容

选用怎样的咖啡杯至关重要。一模一样的萃取液用不同的杯子来盛装，会给口、鼻带来完全不同的感官体验。一些杯子能突出甜味，另一些则能突出酸味、苦味或浓稠感。不要使用平底杯，因为它会"破坏"萃取液和油脂，让风味显得更加平淡。

盛装萃取液时一般选用陶瓷材质、厚边、圆底，且杯壁带有一定弧度的咖啡杯，从而达到保温的效果。杯子必须温热，否则会对萃取液造成热冲击；但千万不可过热，以免灼烧咖啡液或烫伤嘴唇。

一块还是两块糖？

别加糖，谢谢！对于过苦或过酸的咖啡来说，糖能纠正瑕疵，起到中和咖啡口味的作用。但是对于一杯没有瑕疵，也就是一杯平衡的咖啡来说，糖会掩盖香气，降低咖啡师萃取时力求达到的强度，偷走您的愉悦体验。您会在勃艮第的佳酿中掺水吗？

咖啡师

新式咖啡师（Barista）的职业10年前才在法国兴起。年轻人将大把时间花在钻研咖啡萃取的艺术上，将不同的制作方法加以区分。充满热情的他们形成了一个小群体。最优秀的咖啡师能够让手中的咖啡得到升华，重复上百次相同的配比，做出整齐划一的咖啡。作为奖励，他们还会用拉花缸在卡布奇诺上画出爱心、花朵、树叶、抽烟的印第安人等图案，为顾客留下深刻、难忘的美味记忆。

这里提到的咖啡师与暑期打工和兼职的学生完全不同。咖啡师将自己的一生都奉献给了咖啡，咖啡也将自己献给了咖啡师。谈起职业，他们能热情洋溢地聊上几个小时。诚然，为了更好地把握整体流程，将自己的知识技能传递下去，其中许多人之后也会从事培训、烘焙和前往生产国家采购等工作，但咖啡师仍然是他们从事一生的职业。与生产者和烘焙者一样，咖啡师也是精品咖啡发展中必不可少的一环。

每年，各个国家的精品咖啡协会都会组织不同种类的锦标赛，比如咖啡师比赛（意式浓缩）、拿铁艺术比赛（拿铁咖啡）、冲煮比赛（手冲咖啡）、杯测比赛（品鉴）、咖啡与烈酒比赛（鸡尾酒）。每个国家的优胜者将代表本国参加竞争激烈的世界大赛，众多热情的支持者都会前来为自己国家的选手加油助威。世界冠军头衔能为选手开启国际化职业的大门。

左页图·若阿基姆·莫尔索（Joachim Morceau），咖啡之地首席咖啡师

咖啡店（Coffee shop）

新的产业和新的职业会催生新的品鉴场所。我们的的确确在法国，而不是在阿姆斯特丹，只不过法国的咖啡店只卖咖啡和甜点，有时也会供应少量咸味餐点。作为时代特征的咖啡店如今正蓬勃发展。2010 年，全巴黎的咖啡店不超过 10 家，而 2017 年已经超过 50 家，每个法国城市如今都有一家或数家咖啡店。

这些气氛融洽的场所以精品咖啡为特色，顾客在那里几乎百分之百能喝到由专业咖啡师亲手制作的好咖啡。咖啡店选用的咖啡大多购自法国甚至欧洲最优秀的烘焙商，有时咖啡师也会自己烘焙咖啡，并且提供零售。

法国的咖啡店最初只是纯粹地模仿英美国家的经营模式，而如今其中某些正在试图融合法国本土特色，提供传统的甜点、精致的小食、专业的餐桌服务……它们正逐渐找到一条将咖啡店融入法国社会文化的道路。

我们的合作伙伴克里斯托弗·米沙拉克（Christophe Michalak）和雅克·热南（Jacques Genin）等法国知名甜点师都明白让精品咖啡烘托店内甜点的重要性，他们将咖啡视为顾客整体体验中的一环。

但是小心不要被外表欺骗，"咖啡店"和"咖啡吧（coffee bar）"的叫法不能保证咖啡的质量。一些投机的工业咖啡品牌盗用了这些称谓，用于发展名下的连锁店，甚至创办子品牌来更好地利用"咖啡店"的称谓。骗术很容易识破：如果某品牌的咖啡在超市出售，不要买！如果咖啡属于某快餐品牌，不要买！如果使用的是全自动咖啡机，不要买！如果菜单上写着一连串鼎鼎有名的咖啡，不要买！

右页图·让咖啡粉均匀地分布在粉槽中。

品饮咖啡的场所

星巴克

1971 年，当星巴克的创始人在美国西雅图正对派克市场的黄金地段创办第一家门店时，他们一定不会料想到这家店会在未来掀起怎样的狂潮。

诚然，星巴克的咖啡总有一股焦苦味（这是事实），难以下咽（这也是事实），与其说是一家咖啡店，不如说是一家牛奶店（依然是事实），但是不得不承认星巴克在精品咖啡供求方面引领了一股不可逆转的世界潮流。星巴克在所有盎格鲁-撒克逊国家打开了意式浓缩的市场。随后，要求更高、更具匠心、更扎根本土的咖啡店在世界范围内诞生，它们把咖啡视为一种需要搜寻原材料、加工、烹饪的美食。于是，更加重视原产地、强调烘焙强度与萃取方法相统一、力求尽善尽美的新浪潮到来了。

20 世纪 70 年代身为探索者的星巴克在 2010 年后却成了追随者。2015 年，缺少正面新闻的他们在西雅图开办了第一家臻选烘焙工坊，将咖啡新浪潮的方方面面融入其中：新鲜烘焙、多级烘焙（带有焦苦味的意式浓咖啡依然是选择之一）、真正的意式浓缩、Chemex、滤杯、法压壶……再加上耗资 1000 万美元的华丽排场和声势浩大的咖啡师、导购军团，这个全行业的样板房、咖啡界的迪士尼公园让世人看见了咖啡世界风向的转变。它终结了一个让消费者乱饮一气的时代，因为星巴克面向的正是大众市场，它将过去仅属于咖啡爱好者和好奇者的良好信息传递给了更广大的消费者。

所以不管怎样，感谢星巴克！

雀巢

精品咖啡界最近的一个惊人事件是 2017 年 9 月，雀巢收购美国精品咖啡品牌蓝瓶咖啡（Blue Bottle Coffee）68% 的份额，共计 4.25 亿美元。这一收购让雀巢的意图显露无遗，他们希望将高档咖啡纳入自身咖啡供应的发展战略中。这么做不是没有道理，万一事实表明胶囊咖啡并非不可或缺呢？而且越来越多的消费者已经开始意识到了这一点。

01

02

滤泡还是意式浓缩?

　　巴萨还是皇马?巴黎圣日耳曼还是马赛?勃艮第还是波尔多?披头士还是滚石?说唱还是摇滚?左派还是右派?滤泡还是意式浓缩?我们非得做出选择吗?非得支持或反对吗?还是尽情享受不同的乐趣?意式浓缩和滤泡(或其他温和冲煮法)是两种不同的咖啡制作方式,无须分出孰优孰劣。意式浓缩标志着集中、强度、厚度、质感和喜悦;滤泡代表着细腻、纯粹、轻盈,同样能带来喜悦。

　　对于我们的感官来说,一种咖啡两种喝法是一件幸事,咖啡爱好者绝不会在两者中间犹豫不决。美国作家杰伊·麦金纳尼(Jay McInerney)曾说:"当我品尝滤泡咖啡时,披头士乐队《朱莉娅》(Julia)的优美旋律便会萦绕在我的耳畔。而当我品尝意式浓缩时,滚石乐队的《棕糖》(Brown Sugar)便会响起。"

　　两个时刻,两种体验,两种感受。

01. 康帕克(Compak)磨豆机

02. 用 Chemex® 咖啡壶制作咖啡

小酒馆和小餐馆

在一个国家，卖酒水的餐馆却被称呼为咖啡馆看似很奇怪。17 世纪，普罗可布咖啡馆（Le Procope）成为法国第一家提供咖啡的餐馆，之后这个传统便延续了下去，咖啡馆成了法国文化和法式生活的一个象征。过去游客络绎不绝的法国咖啡馆如今却在外国友人的心目中留下了昂贵、服务差、咖啡难喝的坏印象。

不知是不幸还是幸运，法国的咖啡馆和小酒馆对咖啡实在没有尽到应尽的义务：店主不了解咖啡，员工很少甚至没有受过培训，设备落后，被不在乎咖啡质量的独家销售合同钳制。这些小餐馆，包括其中的佼佼者，为真正的咖啡店留出了一条康庄大道，对产品具有一定追求的咖啡师或吧台侍者如今纷纷去往咖啡店求职。

当高质量的咖啡逐渐在大众中普及，小餐馆如果不思进取，定会被时代淘汰。

餐厅和精致餐馆

与咖啡馆和小餐馆不同，一些高档的独立餐厅如今已经开始关注服务的最后一道工序。许多餐厅老板都是咖啡爱好者，如果一餐饭具备了新鲜可口的食物、繁复的制作过程和厨师的热情，却不能有一个良好的收梢，他们会感到很遗憾。他们是第一批走进我们店里的顾客，前来咨询我们的咖啡、培训，以及最先进的设备。

他们认为咖啡的重要性不亚于菜单上的菜品和葡萄酒。在选择最终的烘焙商之前，他们会货比三家，而这种做法在过去非常少见。他们会在菜单上列出咖啡的名字和它们的供应者，好像葡萄酒和酒庄一般。

用完餐，我经常会饶有兴致地问起餐厅选用的咖啡品牌，但问完后又会觉得自己有些冒失甚至失礼。餐厅老板总是很反感，心想"他知道了又能怎样？"。他们局促不安，像是被抓了现行，暴露了自己的无知。更有甚者，有的餐厅老板明知自己供应的咖啡配不上菜品，我的发问像是戳中了他们的痛点。

在餐厅用餐时，您大可以询问咖啡的来源，拒绝糟糕的咖啡，就像拒绝带有瓶塞味的葡萄酒和难闻的菜品一样，您完全有权利这么做。

豪华餐厅

豪华餐厅和米其林星级餐厅通常较为保守，不喜欢冒险。对于他们来说，一切必须至善至美，一旦某个细节脱离掌控，整个餐厅便会蒙受巨大的损失。失去一颗星将会导致人力和财力的巨大灾难。

多年来，在一个高质量咖啡供应不足的环境中，豪华餐厅对咖啡不甚重视，只有最热情、最大胆、最年轻的一批人见缝插针，试图让自己的咖啡与菜肴一样出类拔萃。

但更多的餐厅老板要么不感兴趣，要么缺少安全感，仍然守着自己的旧习，满足于咖啡供应商的慷慨馈赠。出于宣传考虑，供应商们想尽办法挽留这些大名鼎鼎的客户。另一些餐厅则拜倒在著名胶囊咖啡品牌的魅力和盛名下，这些星级餐厅反过来也成了该品牌的一大卖点。

虽然在 10 年前，该品牌是权威的象征，以质量稳定的产品闻名，在平常人家中难得一见。但现如今，若是将这种咖啡写在菜单上，我认为反而会影响餐厅的声誉。撇开质量不谈，一位顾客之所以能为一顿饭在餐厅消费几百欧元，追求的就是难忘、新奇的体验，一杯每天在家便能喝到的 40 欧分的胶囊咖啡能让他满足吗？

另外，咖啡也应该像菜品一样设置试喝环节，哪道菜不是经历了漫长的准备和一次又一次的试吃才最终在菜单上获得一席之地？

我们会在后文中看到每杯咖啡都拥有自己的菜谱，它为一餐收尾，构成了乐谱上的最后一个音符。

酒店

顾客在酒店的咖啡体验非常糟糕。我指的并非廉价连锁酒店，这些酒店的咖啡自然和店内提供的其他商品档次相同：刚刚解冻的磷化火腿、工业加工的面包和果酱、用浓缩液冲泡的果汁、焦苦的罗布斯塔劣质咖啡，甚至是低档速溶咖啡。

高档酒店的产品则都经过精挑细选：自制果酱、农场鸡蛋、新鲜面包、鲜榨橙汁……然而除少数高档酒店外，滤泡咖啡仍然被拒之门外，实属憾事！

中档酒店紧跟时髦同行的步伐，也开始将自己的服务视为顾客整体体验的一环，以咖啡为首的产品供应则是所有服务的重中之重。正是这些中档酒店打开了精品咖啡进军酒店行业的大门，而非豪华大酒店。

企业

企业已经拉开了咖啡变革的帷幕。可惜这里指的并非超大型企业，该类企业已经被咖啡贩卖机攻陷，供应的咖啡无论在味道还是健康方面都非常糟糕。

这里指的是小微企业、初创企业、手工业者、艺术企业、共享办公空间等。在这些企业中，咖啡扮演着重要的角色，它是一种嘉奖手段、维系社会纽带的要素，是一种为员工带来愉悦、动力和能量的低成本方式。

我至今还记得当我们取代谷歌法国的原咖啡供应商，开始供应精品咖啡时，其餐饮团队以及身为谷歌欧洲十大经理人之一的高管表现出的焦虑情绪。他们在咖啡机旁窥伺着谷歌人的反应，担心他们的好意会变成责罚。谷歌人非但没有抱怨这一改变，反而表示他们等这一天已经等了很久。其实许多法国人也是如此，只是他们自己还没有意识到。

左页图·斯莱尔意式浓缩（Slayer Espresso）咖啡机

培训

最后一道加工工序的不确定因素最多，是精品咖啡在世界范围内崛起的最大变数，因为它不受我们这些从业者的控制，只有当顾客来店品尝时，我们才能亲自为他们制作咖啡。

至于顾客在自己的厨房中如何处理买回家的咖啡豆，餐厅老板又会怎样操作，我们无从知晓。

只有不遗余力地向普通或专业顾客传授咖啡制作方法，我们才算完成了自己的工作。只需一小时，人人都能掌握咖啡制作的基本要点。

精品咖啡在世界

前文已经指出，在法国，咖啡的品质有所提升，但总体质量仍旧平庸。这也在情理之中，毕竟精品咖啡的消耗量仅占法国咖啡总消耗量的 3%，占全球咖啡总消耗量的比例甚至更小。

其他国家的情况是否优于法国呢？

一些国家本身没有咖啡文化，也就没有需要摒弃的成见或坏习惯，它们对咖啡的看法更新颖，也是精品咖啡浪潮的策源地，比如美国、澳大利亚、新西兰和英国。在这些国家的城市中，咖啡店随处可见，人们接受的咖啡教育更多，饮用的咖啡质量更好。但在乡村或在美国明尼苏达州的荒郊野岭，想喝上一杯精品咖啡仍是难上加难。

尽管如此，美国依然是全球第一大精品咖啡市场，精品咖啡的市场份额高达 25%，让人不禁对精品咖啡在其他国家的发展也产生了美好的幻想。

右页图·精确萃取，称量流出咖啡液的重量。

北欧是世界上消耗咖啡最多的地方，咖啡文化保存得相对完好，烘焙方法一直以浅焙为主。北欧人通常购买咖啡豆，而非咖啡粉，更喜欢萃取时间更长的滤泡咖啡。但越来越多的北欧人也开始喝意式浓缩，半数北欧家庭都配备带有研磨系统的全自动咖啡机。在北欧，胶囊咖啡市场非常小，精品咖啡市场欣欣向荣。

　　南欧则更加保守，坚持只喝黝黑、油脂厚、苦得必须加糖加奶的意式浓缩。

　　诚然，意大利是意式浓缩的发源地，对于咖啡门外汉来说，一提到咖啡，首先会想到意大利。在意大利，再小的餐馆，哪怕是高速公路休息站的便利店，都会递给您一杯极浓的咖啡，萃取度远远高于法国餐厅的普通咖啡。意大利人的优势仅仅在于设置磨豆机的参数，确保磨出的咖啡粉能够萃取出一杯品相较好的咖啡。至于咖啡本身的质量，意大利的做法与当今趋势背道而驰，他们通常选用以罗布斯塔豆为主的拼配咖啡豆，甚至木炭豆，导致做出的咖啡总带有焦苦的金属味。

　　总体上，我非常敬重意大利文化，无论是它的美食观念还是风土概念，但不得不承认的是，意式咖啡已经完全落后于时代。

　　然而，即便在南欧，事物也正发生着日新月异的变化。在里斯本、马德里、巴塞罗那、米兰、罗马等城市，精品咖啡烘焙师和咖啡店如雨后春笋般涌现，一步步扭转着浓缩咖啡的趋势。

　　结束这次小小的环球旅行之前，还需提及亚洲和中东国家，日本和韩国带领精品咖啡在该区域崛起，中国起步虽晚，但在未来会成为最大的精品咖啡市场之一。

　　奥利弗·斯特兰德的预言正在全球范围内成为真实可感的现实。

制作要点
Les clésde la préparation

我们将一同回顾咖啡的几种制作方式以及每种方式的典型配比，同时指出可能存在的优缺点。我们会抛开固有的成见，也会给出设备方面的建议。

我们给出的每种配比都以实现恰到好处的萃取、做出最好的咖啡为目标。但与口味一样，萃取艺术也存在一定的主观成分。

大家可以在书中配比的基础上根据个人口味做出调整。我们强烈建议您亲自实践、探索，您可以微调咖啡粉量、水温、冲煮时间，寻找专属于您的咖啡。在实践中，您会自然而然地理解为什么某些参数会导致某些缺点，之后操作起来便能更加得心应手。

人类自发现咖啡之日起，便竭力发明新的制作方式，不断提升咖啡的味觉体验，改变咖啡的风味特点，探索便捷、快速的咖啡制作方式。

经过几个世纪的饮用，人们误以为已经把这个看似并不复杂的问题研究透彻，因为说到底，做咖啡无非就是在咖啡粉中倒入热水（或冷水）。因此，人们以为用老式过滤咖啡机加上一包超市买的咖啡粉就足够了，如果要求再高一些，想做出质量稳定的咖啡，用胶囊咖啡就可以，味道平庸一些也无妨。大错特错！哪有这么简单。

可别对精品咖啡的崛起以及上百万人对咖啡的重新认识置若罔闻。

右页图·若阿基姆·莫尔索与斯莱尔意式浓缩咖啡机是一对完美搭档。

咖啡制作产业从未在各个方面迸发出如此巨大的创造力：科研、知识技能、研磨、萃取、水、设备……短短15年来，数字技术便已运用到咖啡制作的各个步骤，以提高其精确性，例如为了得到更好的萃取效果，使用特定的水进行过滤；增加水的物理和化学动能或改变水的组成；保持温度恒定；调节研磨程度；使磨豆机的出粉量精确到0.01克；称量咖啡液的重量；测量液体中的固体含量；分析色度……

既然本书旨在突出精品咖啡的特殊性，即打破咖啡行业不同环节（生产者、烘焙商、咖啡师）之间的壁垒，在此不得不指出这些用于提高精确性的技术对各个环节都有帮助。烘焙方面，烘焙机的性能不断提升。生产方面，生产国开始测量各项数据，例如通过测量仍结在树上的咖啡樱桃的含糖量，预测采收的最佳日期以及未来的咖啡风味，咖啡樱桃的湿度和水分分布情况如今也能得到监测。科学研究正不断催生新的发酵、干燥方式以及瑕疵检测工具，以帮助咖农更好地控制发酵过程。

从某种程度上看，与在过去几个世纪中发明手冲壶、法压壶、摩卡壶、磨豆机、水洗发酵法、半热式烘焙机的先驱们一样，如今我们也正处于一个全行业都在不断发明、完善、实验的阶段。

左页图·Chemex 咖啡壶

小设备
大用途

新鲜的咖啡粉

好咖啡的一条铁律就是咖啡粉必须即磨即用，且研磨度需与制作方法相符。为此，应选用磨盘可以调节的磨豆机。螺旋桨式的砍豆机无法保证研磨精度，且会灼伤咖啡豆。

勇气十足、漂泊不定的人适合使用手摇磨豆机。一台小型哈里欧（Hario）或司令官（El Comandante）手摇磨豆机足以磨出质量不错的咖啡粉。

市面上不乏价格不高但带磨盘的电动磨豆机。这种磨豆机更应被称为"捣豆机"，因为它的平刀或锥刀可将咖啡豆捣碎至 0.01 毫米级别。一些磨豆机适用于温和冲煮法，另一些则专为意式浓缩设计，还有一些则适用于两者。

正确的温度

水温对咖啡风味至关重要。水温随制作方式、烘焙程度、期望效果的不同而变化。由此产生了可精确控制温度的热水壶，例如博纳维塔（Bonavita）热水壶，除调节温度外还具有保温功能。

当然也可以借助价格更亲民但同样精确的小型温度计。

正确的重量

01. 司令官手摇磨豆机

02. 康帕克磨豆机

03. 阿卡亚精确电子秤

使用带托盘的小型厨房电子秤即可。哈里欧（Hario）、阿卡亚（Acaia）等品牌的电子秤专为称量咖啡设计，不但防水，还带有萃取计时功能。

01

02

DOSE   1
TEMPS   02.00s

-

2+

←

0.0   T

准备就绪

做咖啡的速度可以很快，但决不能草率。为了让宾客和自己心满意足，做咖啡时必须时刻保持想要做出好咖啡的欲望。一杯咖啡对应一种配比，完成度高的咖啡能给制作者带来幸福的满足感。

遵守一定的准则和配比，做出的咖啡便能保持相对稳定的水平。之所以说相对，是因为咖啡是一种有生命力的产品，它的表现会随着某些毫无规则可循的参数改变，如气候、烘焙日期、烘焙质量、制作者的心情等。此外，"做"咖啡的说法不无道理，无论发明出怎样的咖啡自动化制作方法，机器永远比不上人类用器具，以准确、有条理的动作做出的咖啡让人满意。

与之前的步骤一样，咖啡的制作也非常复杂，咖啡的诗意正体现在此。为了不让摩拳擦掌的读者们丧气，我必须指出，任何人经过训练都能在 5 分钟内做出一杯卓越的咖啡。

右图·难掩双份意式浓缩带给人的喜悦……

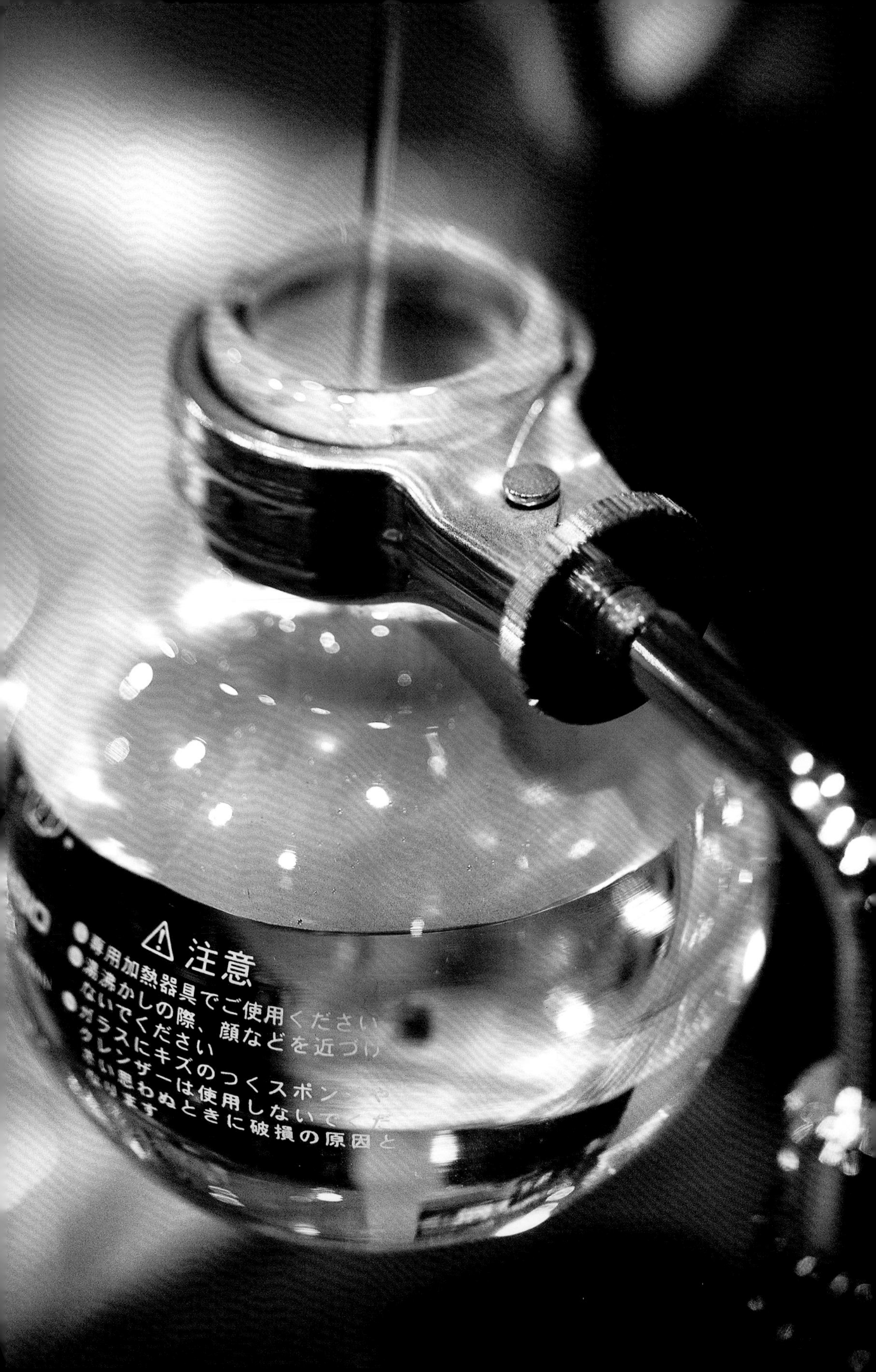

⚠ 注意
●専用加熱器具でご使用ください
●湯沸かしの際、顔などを近づけ
　ないでください
●ガラスにキズのつくスポン…
　クレンザーは使用しないでくだ
　…い思わぬときに破損の原因と
　…ります

为了做出一杯卓越的咖啡，新鲜烘焙、研磨的好咖啡粉必不可少，但水也不可忽视，而且水的用量非常大。一杯意式浓缩的含水量约为90%，一杯温和冲煮的咖啡含水量高达98.5%。

因此，咖啡粉在咖啡的"食谱"里只能排在第二位，要是没有了水，咖啡就失去了全部意义。但是如果水的质量很差，还不如不用。应避免使用自来水、含氯过多的水、太软太硬或变化无常的水。

但咖啡不是咖啡粉和水的简单叠加。在咖啡中，水是催化剂，水必须易于溶解咖啡粉中复杂的成分，利于各种香气的形成。然而，纯水（H_2O）不足以将咖啡中的有益成分全部萃取出来，水中还必须含有钙、镁、碳酸氢盐等矿物质，同时还应尽量保持无味。

最好选用 pH 值为 7、矿物质浓度在 50ppm 至 150ppm（百万分比浓度）之间的水。钙和镁是增味剂，而碳酸氢盐 HCO_3 则是絮凝剂，它能使咖啡更加浓稠，也能更好地控制酸度。

因此，一杯咖啡就是一杯溶液，要想做出一杯好咖啡，以下三个条件缺一不可：能让咖啡中有益成分完全溶解的水、正确的配比以及制作者恰当的操作。

一般情况下，我们建议：

• 对于温和冲煮法，可使用富维克（Volvic）矿泉水，该水涵盖绝大部分上述特点。

• 对于意式浓缩，可使用经过碧然德（Brita）或 Water & More 产品过滤的水，除了过滤后的水无杂味、成分佳以外，过滤器还能将水软化，过滤掉咖啡机（除您以外）的天敌——水垢。

一点咖啡，很多水

左页图·虹吸咖啡壶

温和冲煮法

温和冲煮法包含煎、浸、滤三种萃取方式。咖啡与水接触 2 ~ 4 分钟，萃取出咖啡因和苦味。使用温和冲煮法是为了获得纯粹、细腻、苦味较低的咖啡风味。与之对应的烘焙方式为浅焙：烘出的咖啡豆仍然微微起皱，但中心已经焙熟。

土耳其咖啡或东方咖啡

这是一种古老的将咖啡从固体转化为液体的方式，也是阿拉伯人制作薄荷茶的方式。它见证了咖啡在阿拉伯半岛兴起，随后跨越边境来到欧洲。之所以将这种咖啡称为"土耳其咖啡"是因为 17 世纪第一个将该冲煮方式传入巴黎的人是土耳其人苏莱曼·阿迦（Soliman Aga）。如今在阿拉伯地区和伊斯兰国家，土耳其冲煮法仍然十分常见。

埃塞俄比亚也沿袭了这一传统制作方式。这是该国唯一的咖啡制作方法，并非仅仅为了吸引游客的目光。在咖啡种植区，人们甚至会在石头上烘焙新鲜咖啡豆，用杵把咖啡豆磨碎，再将咖啡粉煎成液体。

直接烘焙新鲜采摘的咖啡豆能增加咖啡液的浓稠度。

杯中特点

浓稠、不纯净、沉淀物多。咖啡粉与水一同煮开增加了咖啡的苦度。

优缺点

· 在我看来几乎没有优点，适合喜欢浓郁、醇厚咖啡的人。

· 想得到一杯细腻、平衡的咖啡非常困难，甚至不可能。

做法（1人份）

土耳其咖啡一般需用传统咖啡壶（cezve）制作。

材料

150 毫升水（1 杯）

10 克研磨得极细的咖啡粉（面粉状）

糖（绝非强制添加，东方人制作时一般都会加糖，所以这里也把糖列出）

将水倒入咖啡壶。

用文火加热咖啡壶，加入咖啡粉和糖，用小勺搅拌，使糖溶解。

当咖啡开始沸腾时，用小勺捞出浮沫，再将壶中液体全部倒入杯中。

待咖啡渣沉底，咖啡冷却至可接受程度，方能饮用。

杯测或巴西冲煮法

该方法已毫无争议地成为专业人士品鉴咖啡的首选方法。

这是一种纯粹的冲煮方式，咖啡不经任何过滤、渗透，原原本本地呈现在品鉴者面前。品鉴者通过该方法能鉴别出所有品鉴标准：气味、香味、甘度（甜度）、酸度（果味）、平衡度、浓稠感、纯粹度、均一度，从而得出对该咖啡的总体印象，辨别出瑕疵。我们会在品鉴章节中进一步解释。

该方法仅可用于品鉴，不能用来制作以饮用为目的的咖啡。

品鉴时需用专用杯测勺，吮吸咖啡的同时吸入大量空气，以便用鼻后嗅觉鉴别气味。咖啡入口后，香气会通过后腭，升至鼻腔，形成鼻后嗅觉。杯测好似一场奇妙的音乐会。

做法和步骤

见"品鉴要点"（130～138页）

右页图：准备杯测

滤泡咖啡

1800年，巴黎大主教让-巴蒂斯特·德·贝卢瓦（Jean-Baptiste de Belloy）发明了滤泡咖啡，极大地提高了咖啡液的质量，尤其在纯净度方面。

滤泡咖啡的做法是先将水注入底部带有细孔、内部装满咖啡粉的小容器中，再用另一容器盛接滤出的液体。上下两部分器具构成的整体被称为咖啡壶，整个过程被称为渗滤。

该方式得到了布里亚-萨瓦兰的认可，他在1826年发表的著作《美味礼赞》（*La Physiologie du goût*）中写道："自几年前起，人们提出了各种各样关于咖啡最佳制作方式的看法，这或许与总理爱喝咖啡不无关系。有人建议不要烘焙，有人建议不要磨成粉，有人建议用冷水浸泡，有人建议在沸水中煮三刻钟，还有人建议用高压锅制作咖啡。我尝试了过去所有的方法以及最近人们向我建议的各种方法，最终选定了贝卢瓦法，我的选择不是没有依据。贝卢瓦法是将咖啡粉放入一个底部钻有微孔的瓷器或银器中，再向其中注水。滤出第一壶咖啡液后，将其加热至沸腾，再次倒入器皿过滤，方能得到一杯极其澄清、美味的咖啡。"

当时还没有滤纸。20世纪初，德国妇女梅利塔·本茨（Melitta Bentz）发明了滤纸，革新了咖啡的制作方式。如今滤泡法依然是世界上最广为使用的方法。但是要想做出一杯好的滤泡咖啡，就必须摒弃廉价咖啡壶，这些咖啡壶通常将水烧得过烫，让水一滴一滴地从过滤器的中心部位流出，导致咖啡粉的中心部分萃取过度，四周萃取不足。尽量尝试使用哈里欧类型的手冲咖啡壶，以便控制过滤的各项参数。除此以外，还可使用带有花洒式过滤器的咖啡壶，以保证冲煮均匀、水温恒定，如摩卡大师（Moccamaster）或圣马尔科（San Marco）品牌的滤泡式咖啡壶。

用滤泡法做出的咖啡最为澄净，多孔过滤器能够锁住咖啡中最细腻、最易挥发的花香。

杯中特点

咖啡液清澈，与茶相近，口感轻盈，偏酸，酸度根据所用咖啡的不同而变化，能较好地还原所有香气。

优缺点

· 优点已在"杯中特点"中写出。几乎没有缺点，除不适合极浓咖啡（意式浓缩）的无条件追随者外。但建议该类人士也尝试一下滤泡咖啡。

· 做好比做坏难得多，很难保证每杯质量统一，但一旦成功，会有一种无与伦比的满足感。

做法（2人份）
用V60手冲壶制作

材料

200毫升93℃的水 [蒙卡尔姆（Montcalm）、
富尔卡尼亚（Volcania）、富维克牌]

12克咖啡粉

注入24毫升水，焖蒸30秒。

分次注水（每次注入30～40毫升），从中
心点开始注水，画同心圆至杯壁，再画回
中心。

注入200毫升水后停止。

整个萃取过程持续3～4分钟。

除设计上的区别外，Chemex 与哈里欧 V60 或其他类型的滤泡式咖啡壶最主要的区别在于 Chemex 的滤纸很厚，孔隙很小，滤出的物质很少。

因此，用 Chemex 咖啡壶冲煮出的咖啡液极其纯净，甚至过于纯净。很难用该器具将顶级咖啡的全部特点展现出来。

· 有利于将咖啡最突出的品质呈现出来。

· 该种咖啡壶的规格有 1～3 人份、3～6 人份以及 8 人份。

Chemex

1941 年，德国化学家彼得·施伦博姆（Peter Schlumbohm）在美国发明了 Chemex 滤泡式咖啡壶。

该壶最初的原型如今在纽约现代艺术博物馆以及纽约州康宁玻璃博物馆中常年展出。

做法（6人份）

材料

600 毫升 93℃的水（蒙卡尔姆、富尔卡尼亚、富维克牌）

36 克咖啡粉

注入 60 毫升水，焖蒸 30 秒。

分次注水（每次注入 30～40 毫升），从中心点开始注水，画同心圆至杯壁，再画回中心。

注入 600 毫升水后停止。

法压壶

　　法国人在 1850 年左右发明的法压壶是目前全世界使用率最高的咖啡制作器具之一。英美国家将该类咖啡壶称为"法压壶"，而法国人则更爱将其统称为"波顿壶"，得名于主打法压壶的丹麦企业波顿（Bodum）。

　　用法压壶冲泡咖啡是最简单的咖啡制作方式。仅需将咖啡粉浸泡在水中，再将滤网按压至壶底，滤除残渣即可。近似于没有残渣的巴西冲煮法。

杯中特点

口感宜人，有一定浓稠度，但由于沉淀物多，纯净度欠佳。

优缺点

饮用时必须一次性将壶中液体全部倒净，否则浸泡过程将继续进行，导致咖啡液越来越苦。

做法（3人份）

材料

250 毫升 94℃的水

18 克咖啡

将水倒入法压壶。

不要破坏水面形成的咖啡层。

盖上壶盖。

4分钟后，用小勺搅拌咖啡层，稍加等待（时间视个人喜好而定），待咖啡渣沉底。

缓慢按压滤网至壶底，将全部液体倒入另一容器中。

爱乐压

　　爱乐压（Aeropress）由美国人在 2005 年发明，其构造类似于一个巨型注射器外加一张内置型滤纸。爱乐压结合浸泡和过滤方式，效果类似于法压壶，但多一道轻度水压过滤工序。这是一种将浸泡和轻度压力渗滤有趣结合的制作方式。

做法（1人份）

材料

200 毫升 85℃的水

15 克咖啡粉

倒入水，不用焖蒸。

稍加搅拌。

1 分钟后，倒置器具，下压 30 ~ 45 秒。

与滤泡咖啡极其相似，液体澄澈，口感圆润。

制出的咖啡温度在85℃左右，过于烫嘴，必须等待片刻才能饮用。如若使用得当，将能制作出卓越的咖啡。

虹吸壶

1825 年左右，虹吸壶在法国诞生。它也被称为减压壶，因为压力差是萃取和过滤的推手。

该器具由两个上下堆叠、固定在支架上的玻璃球体构成，利用水蒸气的膨胀和收缩原理运作。

这是多么华丽的器具，多么神奇的表演！但是虹吸壶使用、清洁起来可不简单。

效果方面，虹吸壶与过滤后的法压壶相似。

做法（2人份）

材料

300 毫升水

16 克咖啡粉

加热 300 毫升水。

将滤芯放进上壶，务必放至正中央。

在下壶中装满热水。

点燃下壶下方的酒精灯（如有条件，最好使用更精确的煤气灯）。水沸腾后会升至上壶。

当上壶水温达到90℃~92℃，倒入咖啡粉，搅拌，焖蒸 1 分钟。

熄灭酒精灯。咖啡液会降至下壶。

高压冲煮法

指依靠高压进行过滤或渗滤的咖啡制作方法。用该方法做出的咖啡浓度高，口感醇厚、浓郁。

摩卡壶或意式滴滤壶

1933 年，阿方索·比乐帝（Alfonso Bialetti）以"摩卡特快"（Moka Express）这一名称为该种咖啡壶申请了专利。之后，摩卡壶开启了征服世界的旅程。如今比乐帝公司仍在生产该种咖啡壶，造型、结构都与最初的摩卡壶无异。

从某种程度上看，这是一台没有高压泵，靠热源加热的小型意式浓缩机，依靠水蒸气的压力将咖啡萃取出来。

人们经常拿摩卡壶与意式浓缩作对比。这也是墨索里尼[①]将它向意大利人民推广的论据之一 —— 每个家庭都能制作意式浓缩。然而，除了咖啡的浓度外，摩卡壶所萃取的咖啡与意式浓缩没有任何可比性。首先，我们无法调节摩卡壶的任何参数。其次，摩卡壶存在本质缺陷，为使水能通过滤网升至上壶以完成萃取，水温必须加热至100℃。咖啡粉因此会被灼伤，产生焦苦味，细腻的香味会被抹杀殆尽。

根据饮用咖啡的人数，摩卡壶有各种规格：1 人份、3 人份、6 人份、12 人份等。

杯中特点

咖啡浓度高，口感浓郁、醇厚、无酸味、较苦，苦味随所用咖啡的不同而变化。

优缺点

不建议用摩卡壶萃取精品咖啡。如果您不愿放弃家中的摩卡壶，可选用高海拔、烘焙度适中的咖啡豆来制作。

[①] 贝尼托·墨索里尼（Benito Mussolini，1883—1945），意大利法西斯党党魁、法西斯独裁者，任上推行自给自足的经济政策。

做法

材料

新鲜研磨的咖啡粉，粉量视粉槽大小而定

水

将粉槽装满咖啡粉，使咖啡粉与粉槽边缘齐平。轻拍压实，但无须用力。

在下壶中注入水，注意水面不要超过安全气阀。

拧紧上下壶。

小火加热，壶盖敞开。

待液体从上壶渗出便立即关火。液体中产生气泡则表示萃取完成。

立刻倒入咖啡杯。

意式浓缩

很多人问我为什么我依然把意式浓缩叫成 "expresso"，而不用意大利语 "espresso"，毕竟美国某咖啡店品牌已经将 "espresso" 推广至世界的各个角落，它像麦当劳做汉堡一样做咖啡，为所有人提供清一色的平庸产品，水平倒是非常稳定。

意式浓缩，即高压渗滤技术，的确是由意大利人安杰洛·莫里翁多（Angelo Moriondo）在 19 世纪末发明。也是意大利人在 20 世纪首先改进该技术，随后由法国人进一步改进。在 21 世纪初的今天，仍是意大利人不断钻研，制造着越来越精确、复杂的意式浓缩机。高档咖啡店大多使用下列品牌的咖啡机来萃取精品咖啡：马尔佐科（Marzocco，意大利）、斯莱尔意式浓缩（Slayer Espresso，美国）、诺瓦西莫内丽 (Nuova Simonelli，意大利) 以及火箭意式浓缩（Rocket Espresso，意大利，后与新西兰合营）。意大利语 "espresso" 的词源是动词 "esprimere"，表示 "用压力萃取"。法语单词 "expresso" 源自意大利语，但经过了法语化处理，给人一种制作、饮用都十分迅速的感觉。我很喜欢这层含义，独自一人或与朋友、同事坐在吧台前，把咖啡一饮而尽的画面如今已经成了法国人的集体记忆。

然而，我不喜欢全球化大品牌和超市借用 "espresso" 一词。在我看来，他们僭越了该词，瑞士某著名胶囊咖啡企业成功地将自己的品牌与 "espresso" 挂上了钩，成了最大赢家。

与滤泡式咖啡相反，意式浓缩浓度极高，追求的目标是借助高压来获得厚重、多脂的口感，得到一种类似乳浊液的咖啡。但是高浓度不应破坏咖啡的纯洁度和平衡性。

做法（1杯双份意式浓缩）

材料

经过处理且含有少量矿物质的水，89℃ ~ 94℃

18 ~ 20 克咖啡，一般水量

36 ~ 40 克咖啡，增加一倍水量

将咖啡粉装入双份粉槽中。

用压粉锤压粉。压粉锤直径应与粉槽直径相适应。咖啡粉表面必须平滑，且与粉槽边缘平行。

萃取约 25 秒。

我们仅给出了1杯双份意式浓缩的做法，这是因为可以同时萃取2杯意式浓缩的机器无法实现好的萃取。

意式浓缩是一种复杂的咖啡制作方式，因为磨豆机的参数至关重要，必须根据所用咖啡豆的种类、烘焙日期、气候等条件对其加以调整，几乎每天都需要重复这项操作才能获得最佳效果。

另外，好的设备（咖啡机和磨豆机）价格不菲，并要求使用者不厌其烦地进行保养。

但是它给我们带来的感受也是其他制作方法无法比拟的。

• 意式浓缩咖啡机

意式浓缩的成品质量与制作设备直接挂钩。

好的咖啡机必须带有电子探头（即 PID 控制器）或热虹吸系统，以保证机内热稳定。此外，它还需具备高质量的萃取组件和粉槽，零件必须性能良好、持久耐用。符合这些条件的机器一般都已达到半专业水准，因此价格高昂。

我强烈建议您在购买咖啡或设备前，先向专业经销商咨询一下，亲手试用，对比各种机器的萃取效果，并且确认售后服务是否到位。

与咖啡机同样重要的还有磨豆机，其精度必须达到0.01 毫米，才能磨出粗细精准的咖啡粉。

每项设备都很费钱，要想全部置办妥当，很难将预算控制在 1000 欧元以内。但必须清楚的是，如果您用一半甚至更少的钱买了一台廉价家用机，还想做出一杯真正的意式浓缩，那纯粹是拿钱打水漂。

做法（1杯卡布奇诺）

材料

用水同双份意式浓缩（见117页）

全脂牛奶

水粉比同双份意式浓缩

利用蒸汽嘴打发奶泡：第一步进气，第二步将奶泡与牛奶融合。

将牛奶打发至60℃~65℃。

先将奶泡倒入奶缸，再倒入咖啡。倾倒时先抬高奶缸，让奶泡与咖啡完全融合，避免在油脂上留下痕迹，然后降低奶缸开始拉花。

（卡布奇诺或其他奶咖的爱好者们不妨先参加一些培训。）

·操作便捷、舒适,效果稳定,可直接使用咖啡豆。

·热稳定性不佳,萃取质量随使用次数的增加而下降,可调节的参数少。

• 全自动咖啡机

意式浓缩爱好者的另一个选择是全自动咖啡机,比如投资一台优瑞(Jura)、德龙(Delonghi)等品牌的产品。

全自动咖啡机的优点是可以最大限度地简化咖啡制作过程,只需轻触按键,便可以让机器自己磨豆和萃取咖啡。

近年来,厂商们的技术取得了长足的进步,尽管全自动咖啡机仍比不上半专业手动咖啡机做出的咖啡优秀,但足以令人满意。

选购时尽量选择带有温度、研磨度和粉量调节功能的全自动咖啡机。

对于没有时间也无意挑战手动制作意式浓缩的人们,以及对于越来越多已经厌倦了胶囊咖啡的人们来说,全自动咖啡机绝对是他们的福音。

杯中特点

与其他高档机器做出的意式浓缩无异。

优缺点

·设备可靠,性价比高,便携。

·制作前务必预热咖啡机,避免水温骤降。

ROK意式浓缩

ROK 是一种高质量、便携式的意式浓缩咖啡机,能在不插电的情况下萃取出一杯质量上乘的意式浓缩。它价格亲民,是旅行的好伴侣,也是意式浓缩机的入门机器。

做法(1杯意式浓缩)

材料

95℃的水

16 克咖啡粉

在不添加咖啡粉的情况下放水预热咖啡机。

预热咖啡杯。

在粉槽中装入咖啡粉,压实。

安装好粉槽,在水箱中倒入 10 毫升水。

让咖啡机预萃取数秒。

缓慢、匀速挤压拉杆,一次性完成萃取。

尼加拉瓜自 1850 年起种植咖啡，如今咖啡已成为该国盛产的原材料之一。尼加拉瓜一直延续着殖民时期的传统，主要依靠大地主来生产咖啡，他们收集附近小农场采收的咖啡樱桃，再用自己的加工设备进行加工。

十几年来，在奥尔曼·巴利亚达雷斯（Olman Valladares）等富有远见的生产者的带领下，尼加拉瓜的咖啡产业开始重视风土，采取高质量、可溯源、根据品种区分地块、多种精细处理方式并用的作业模式。

请翻开下面的旅行记录，跟随我们一起踏上奥尔曼各个庄园的咖啡之路。

尼加拉瓜

01

02

01. 布宜诺斯艾利斯庄园。

02. 保证可溯源性：待晾晒的咖啡豆根据所属农场分好类。

03. 晾晒经过蜜处理的咖啡豆。

04. 在非洲晾晒床上晾晒咖啡，最好的咖啡庇荫干燥。

03

04

05. 咖啡豆进入发酵池前先经过脱壳处理。

06. 发酵后静置咖啡豆的水池。采用双重水洗技术或肯尼亚法。

照片中左一即是奥尔曼·巴利亚达雷斯。

05

06

07

08

07. 晾晒不同处理方式的微
批次咖啡豆。

08. 咖啡豆干燥后静置存放。

09. 布宜诺斯艾利斯庄园实
验室的杯测活动。

品鉴要点
Les clés
de la dégustation

很多人担心自己还未达到评价咖啡的水平，因而不敢品鉴。的确，需要接受一定培训，并通过不断练习，才能为咖啡写出评语。练习越多，大脑越能自动分析各个品鉴标准。这种品鉴方式被称为精英品鉴或专业品鉴。

让我们暂时忘记这种方式，仅仅依赖我们的感官和体验，评价愉悦或不愉悦，好喝或不好喝……

07. 晾晒不同处理方式的微
批次咖啡豆。

08. 咖啡豆干燥后静置存放。

09. 布宜诺斯艾利斯庄园实
验室的杯测活动。

品鉴要点
Les clés
de la dégustation

很多人担心自己还未达到评价咖啡的水平，因而不敢品鉴。的确，需要接受一定培训，并通过不断练习，才能为咖啡写出评语。练习越多，大脑越能自动分析各个品鉴标准。这种品鉴方式被称为精英品鉴或专业品鉴。

让我们暂时忘记这种方式，仅仅依赖我们的感官和体验，评价愉悦或不愉悦，好喝或不好喝……

您更喜欢新鲜还是过期黄油的气味？丝绒还是砂纸的质感？青水果还是红樱桃的酸味？变质菜品浓重的馊苦味还是多汁西柚精致的甘苦味？您会选择哪种牛排，是烧得焦黑还是煎得恰到好处？

当位于鼻部和舌上的感受器受到刺激，人类大脑会同步释放信息，仿佛一道人体自古练就的自我防卫机制，以抵御有害食品的摄入。

不妨把品味咖啡想象成品尝一道甜品或菜肴。首先，我们凭什么判断这道甜品或菜肴是美味的？因为它散发出了诱人的香气，又在甜、咸、酸、苦间达到了平衡。即使其中一种味道尤为突出，它也不应破坏整体的协调感，而是巧妙地引导风味，或形成特色；入嘴的口感必须柔和，让黏膜感到舒适；整体给人一种纯粹、易消化的感觉，并带有让人想继续吃下去的余韵。

具体说来，好咖啡必须勾引您的鼻子，甚至像新鲜的香草荚一样诱人，立刻激起您喝下这杯甘露的欲望。无论是滤泡咖啡还是意式浓缩，入口时，咖啡液都必须抚过您的口腔，引起或多或少的感官愉悦，不得有丝毫涩嘴感。好咖啡应达到整体的平衡，再辅之以或强或弱的刺激感，让人产生贪嘴和纯粹的感受。余韵应愉悦、悠长，在口中久久停留。

如果一杯咖啡符合了上述所有条件，大脑便会向您发出"好喝"的信号。除此之外，对于咖啡外行人来说，他会忘记平日里糟糕的味觉体验，而产生不仅仅为了摄入咖啡因而喝咖啡的欲望。

以上条件绝非小餐馆里一杯随随便便的黑色液体所能满足，它们不是过度萃取就是萃取不足；不是咖啡因含量过多，就是烘焙过度，因而苦味过重。然而，大脑却误将这种滋味贴上了咖啡的标签，最后习以为常，仅仅被咖啡因神奇的功效吸引。

左页图·危地马拉拉博尔萨庄园
实验室的杯测活动

组织一场
非正式杯
测品鉴会

准备好待品尝和比较的熟豆，以便品鉴者评价咖啡豆的处理方式、均一度、豆径、烘焙程度等。

准备好器具：热水壶、温度计、秤、咖啡杯、磨豆机、水杯、水（富维克类型）以及杯测勺。

若要对比多种不同的咖啡，尽量保证所有咖啡的烘焙日期和烘焙程度均相同，且烘焙程度需符合温和冲煮法的要求。您也可以对比不同烘焙程度的同种咖啡，以便找出各种萃取方式所对应的烘焙程度。

第一步

为每杯咖啡准备 12 克咖啡豆，并分开研磨，直接将研磨后的咖啡粉倒入咖啡杯中（用于杯测的咖啡粉应比用于滤泡的咖啡粉更粗）。嗅闻新鲜咖啡粉的干香并做记录（见"香气、味道、风味"143~146 页）。

第二步

向每杯咖啡倒入 185 毫升热水，热水应提前在热水壶中加热 90℃至 95℃，借助秤来确认水量。浸泡 4 分钟后，嗅闻液体表面咖啡渣的香气并做记录，在此过程中不得移动咖啡杯。注意每次研磨完务必清洁磨豆机，以免机中残留的咖啡粉对下一次研磨造成影响。

第三步

4 分钟后，将您的脸部尽量靠近咖啡杯，用杯测勺小心翼翼地拨动液体表面的咖啡渣三次，将其打散。深吸一口气，嗅闻香气并做记录。对每杯咖啡重复以上操作。

嗅闻从咖啡中升腾出的蒸汽，捕捉香气，这就是所谓的"直接香气"（靠鼻前嗅觉闻出）。您闻到了甜香、酸香、花香还是辛香？

本页图·目测和闻咖啡干香

第四步

用 2 只杯测勺撇去浮渣和其他悬浮微粒，准备品尝咖啡。将杯测勺在热水中洗净。

第五步

用杯测勺舀 1 勺咖啡液，大声吸入口中。与咖啡液一同吸入的空气有助于香气在口中扩散。这么做是为了让咖啡覆盖整个舌部，以便评价每一种味道的细微差别。让咖啡液在嘴中转动一周，到达舌头的各个部位，从而鉴别甜度、咸度、尤其是酸度和苦度。酸和苦是咖啡最主要的两种味道，二者是否平衡是评判咖啡细腻度以及烘焙质量的重要指标。

第六步

分析通过鼻后管道（咽部）的香气，该部位通常能提供最精准的信息。

挥发性成分会回升至鼻黏膜，并会伴随呼气散发出来。此时您感受到了哪种味道？巧克力味、焦糖味还是烟熏味？

第七步

尝试感受咖啡的质感（浓度、黏稠度），这是确认咖啡口感的最后指标。在某种程度上，它是您对该种咖啡物理特征的综合感受。

第八步

最后，咖啡强烈的味道（余韵）应久久停留在味蕾上，并让您感觉舒适。该特征与咖啡的浓稠度有内在联系，是高海拔地区优质咖啡的一大特点。

第九步

洗净杯测勺，用清水漱口，继续品尝接下来的咖啡。随时记录，并与其他品鉴者交流比较。

用于感知
和体悟
的词汇

味道难以描述，对味道的感知通常十分主观。首先，每个人的味觉感受器与神经元的连接方式不同。其次，我们都有专属于自己的敏感点、文化习俗和饮食习惯。但是依然存在一定的框架能够帮助我们辨别、组织我们的味觉体验，将它们加以排序。咖啡行业的专业人士正是依靠此类框架以及专业词汇来评判每种咖啡的味道。只有通过不懈的练习，我们才能不断丰富自己的味觉"图书馆"，成为优秀的品鉴者。以下便是构成这座味觉图书馆的几列书架。

酸

酸味决定了咖啡的活力。酸味至关重要，它是所有花香和果香的寄居地。酸味会给人细微的刺激感，像是吃了一口柠檬一般，与苦味和醋酸相对。它是好咖啡必备的一种重要品质。

品尝并比较：酸度较低的埃塞俄比亚西达摩（Sidamo）与活泼的肯尼亚咖啡。

苦

咖啡的苦味会让人想起西柚皮和黑巧克力的味道。适当的苦味受人欢迎，但应与其他香味成分相协调。若苦味过于突出，则成为咖啡的一种严重缺陷。

品尝并比较：仅具有巧克力苦味的印度马拉巴（Malabar）季风咖啡与带有细腻的西柚型柑橘风味的埃塞俄比亚杜里咖啡。

香气

鼻部（及咽部）嗅得的所有气味，源自咖啡冲煮时散发出的气体（焦糖香、果香、巧克力香、花香等）。芳香和风味是优质咖啡必备的两种品质。

品尝并比较：香气馥郁的肯尼亚基安布（Kiambu）咖啡与气味寡淡的印度尼西亚咖啡。

口感

口感是咖啡在嘴中的重量感，可视为咖啡的厚度。黏稠度和强度也属于口感的范畴。

品尝并比较：萨尔瓦多喜马拉雅日晒咖啡的厚实口感与洪都拉斯乌鲁马（Uluma）特高有机咖啡的轻盈口感。

甘

即咖啡的甜味，影响口感形成的要素之一。过度的甜味会让咖啡变得平庸。

品尝并比较：埃塞俄比亚古吉（Guji）日晒咖啡极甜、极酸的爆炸性风味与巴西咖啡极甜但儿乎没有果味的风味。

余韵

咖啡的风味会持续多久？咽下咖啡后等待 10 到 15 秒，观察风味的持续和消失情况。咖啡的风味特点就是味道和气味给我们留下的回忆。卓越的咖啡能在嘴中停留数小时。

品尝并比较：任意一种精品咖啡与任意一种超市咖啡。

美国精品咖啡协会（SCAA） 咖啡品鉴风味轮

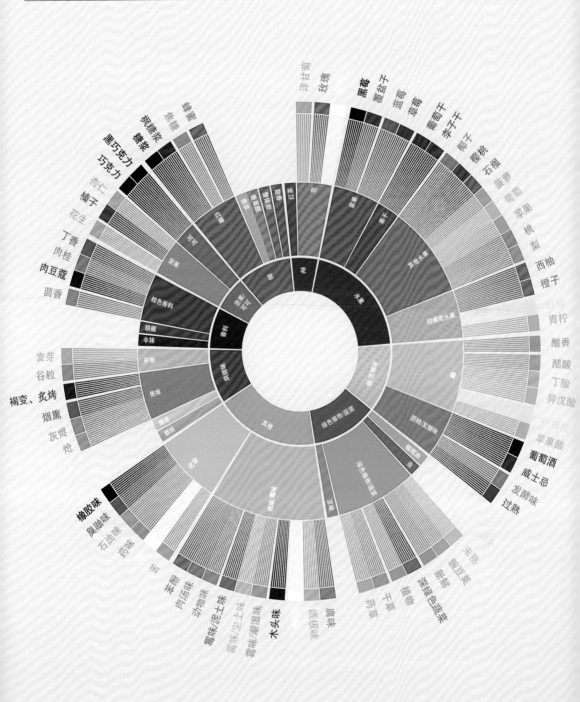

SPECIALTY COFFEE ASSOCIATION OF AMERICA

WORLD COFFEE RESEARCH

我们无须成为专家也能判断自己喜欢一杯咖啡的哪些方面，不喜欢哪些方面。但若想用一些词汇来描述这杯咖啡的风味，却少不了一定的经验。

美国精品咖啡协会（SCAA）设计的咖啡品鉴风味轮是一个帮助我们定义感受的实用工具。

首先鉴别出核心味道，再进一步细化。

比如，首先辨认出酸、苦、甘（甜）、咸四种味道，再感受酸度（轻盈、柔滑、平衡、刺激、活泼、复杂、强烈、葡萄酒味、平淡、辛、干、涩、酸、糖浆状、攻击性……），质感（细腻、优雅、柔顺、富有层次、黏稠、糖浆状、厚实、覆膜、多水、空洞、粒状……），余韵（粗糙、涩口、平庸、纯粹、持久、柔顺……）。

接下来，问问自己这杯咖啡的香气如何（无论是咖啡液通过舌头时的香气，还是鼻后嗅觉感受到的香气）。

香气、味道和风味

微酸：这是一种显著、宜人又不刺激的味道，受人欢迎。专业人士使用该词表示甘甜、圆润、活泼、明快的咖啡，与厚重、陈旧、平淡的味道相对。

炝：强烈的焦苦味，甚至带来刺激感。

苦：过重的苦味明显且令人不适，刺激感像奎宁一样强烈。与酸味相似，但缺少脂滑感。

动物味：该嗅觉形容词让人联想到湿毛皮、汗液、皮革、皮肤甚至尿液的典型气味。动物味未必是一种负面特征，也可单纯用于形容强烈的气味。

涩：让人感到苦涩的味道。

焦 / 熏：该感官形容词让人想到食物烧焦后的味道，以及木头燃烧时散发出的烟味。品鉴者经常用该词形容深度烘焙或在烤炉中烘焙的咖啡。

左页图·美国精品咖啡协会给出的官方咖啡品鉴风味轮，其目的是帮助人们鉴别咖啡的各种气味，包括由咖啡缺陷导致的气味。

花生味：花生味通常与未成熟的咖啡豆以及咖啡萃取不足有关。

焦糖味：让人联想起烧焦的气味以及砂糖焦化后的味道。

苯酚、化学味：指化学产品的味道。导致该味道的原因有：设备保养不当、发酵过程未能得到控制或咖啡豆暴露在烃类气体中。麻袋中的某些成分也是导致该问题的原因之一。

灰烬：该形容气味的词汇让人想到烟灰缸、吸烟者的手指或清洁烟囱时散发出的气味。该词并非贬义，常用于形容烘焙程度。

谷物 / 麦芽 / 烤面包：指谷物、麦芽和烤面包的典型气味，包括熟谷物或经过烘焙的谷物（尤其是玉米、大麦或小麦），麦芽萃取物，新鲜面包或刚烤出的面包片的气味和味道。

巧克力味：让人想起可可粉和巧克力（黑巧克力或牛奶巧克力）的气味和味道。有时会将该气味归于"甘"类。

焙烤味：令人不悦的一种味道，标志咖啡烘焙过度或烘焙速度过慢。

模糊：咖啡或许欠缺纯净度。

辛香：该感官形容词用于表示甜香料的典型味道。

平衡 / 圆润：酸度和浓稠感搭配得恰到好处。

平淡 / 中庸：没有味道，平庸。

发酵味：发酵时产生的浓重气味。这种气味、味道令人不悦，通常由采摘过迟或发酵过程控制不当导致。最严重的发酵味与未经处理的动物毛皮散发出的味道相似，可用"毛皮味"来形容。

花香：该气味形容词让人想到花朵的芳香，并能进一步细分为不同类型的清香：金银花香、茉莉花香、玫瑰香……花香一般非常微妙，不强烈。

果香：带有水果的酸味。

木头味：木头的味道，可强可弱。

青草味：品鉴者极为排斥的味道，可引起非常强烈的不悦感。

洋葱味：与腐烂的气味相近，是一种严重缺陷。

橡胶味：橡胶的气味和味道，常出现于新鲜罗布斯塔豆中。

干草味：干草散发的气味，常出现于过早采摘的咖啡豆中。对于某些品种的咖啡豆来说，干草味会在晾晒后的几周内逐渐消失。完全采用日晒处理法的咖啡豆极少产生干草味。未成熟的咖啡樱桃也会导致该种气味。

麻袋味：类似于麻袋的气味，是咖啡的一种瑕疵。在不良条件下储存过久的咖啡豆会产生这种味道。

干木味：该气味形容词让人想起干燥木头、橡木桶、枯木或纸板的气味。

不洁：无须解释。一种无法定义的不洁味道。

药味：该嗅觉形容词让人想起化学产品、药物和医院的气味，用于形容散发出里约味[①]、化学残留物味、过于浓重的香料味，以及产生大量挥发性物质的咖啡。

霉味：无须解释。晾晒不当，或在潮湿、不通风的环境中储存、运输咖啡豆都会造成霉味的产生。

自然：醇厚、典型咖啡的自然风味。

中庸：咖啡无显著特点，但可为拼配豆提供良好的基础。

坚果：该气味形容词让人想起新鲜坚果（并非已经产生哈喇味的坚果）的气味和味道，不包括苦杏仁的味道。

平凡：平庸、缺乏酸味。

刺激：一种苦涩的味觉感受。让人感到刺激、灼痛。

腐烂味：难喝、类似于腐烂果肉的味道。若咖啡的果味、酸味超过一定限度则会产生腐烂味，通常由工业制备不当或使用受污染的水导致。值得注意的是，哪怕仅有一颗咖啡豆在果肉筛除过程中被损坏，即使其他咖啡豆的品质再好，整杯咖啡的风味也会被破坏。

① 里约味（rioté）得名于巴西城市里约热内卢，因为该气味常见于里约热内卢生产的巴西咖啡中，通常指咖啡带有碘和苯酚的气味。——译注

青涩：未成熟的咖啡豆产生的味道，通常带有涩味。遭受旱灾或果实过多的咖啡树会产出表面带有大理石花纹的咖啡豆，出现青涩味。

里约味 / 苯酚：类似药物的味道、气味和余韵，略带碘和苯酚的味道。

野生 / 动物味：皮革的气味，一些埃塞俄比亚咖啡会产生该种气味。

污染 / 腐坏：用于表明咖啡不纯净，存在某些杂质，但无法形容该味道或将其归为某种类别，通常被描述为怪味或特殊的味道，没有准确的定义。若能辨别怪味的类别，品鉴者会写出具体味道。

酸腐 / 馊味：难喝的味道，散发出腐烂果肉的气味。馊味有很多成因：工厂制备存在缺陷；发酵不良，导致发酵过程一直持续到晾晒初期；豆中存在过熟、颜色变黄的咖啡豆；晾晒时间过长，导致豆子持续升温；果肉过多，发酵过度。在果肉筛除过程中遭到损伤的斑点豆是产生馊味的主要原因。

烟草味：该感官形容词让人想起烟草的气味和味道，但与烟蒂的味道不同。

泥土味：无须解释。但不得与青草味（grassy）混淆。

葡萄酒味：让人想起新鲜葡萄酒的一种果味。若葡萄酒味在余韵中出现，未必令人不悦。

咖啡的口感及物理特征

酸：咖啡最基本的味道之一，带有有机酸溶液的特点。该味道明显、宜人、受人欢迎，某些品种的酸度尤高。酸味与醋酸、馊味和发酵味都不同。

粗粝：粗糙的口感。

涩：表现为余韵让人感到口干，是品鉴者不希望咖啡出现的一种特点。

油脂：咖啡的质量可通过其表面形成的油脂来衡量。若油脂过薄、过于清淡，则表明咖啡不够醇厚，可能由于咖啡粉过粗、咖啡机压力不足或水温过低导致。相反，若油脂过厚则表明咖啡粉过细、水温过高或萃取过度。

甘：咖啡品质佳、纯净，没有任何涩嘴感，带有果香、巧克力香和焦糖香。甘味通常不突出。

浑厚：用于形容口感、酸度极佳的咖啡，类比强烈、有肉感的葡萄酒。

轻盈：气味柔和，几乎没有酸味和涩味。

单薄：缺少浓稠度。

醇美：圆润、丝滑的感觉，可能缺乏酸味。通常能给人感官享受。

尖锐：细腻、刺激、酸度较高的味道。

丰富：香气馥郁，口感浑厚。

甘美：甜中带酸。

成色：咖啡液的颜色，分为极细腻、良好、低调、贫乏、厚重、粗野、不确定等。

丝滑：浑厚、酸度低的咖啡，带来柔顺的感受。

活泼：刺激的感受。

葡萄酒感：咖啡醇厚、浓郁，像陈年葡萄酒一般，丝滑但又保持着一定的酸度。若咖啡产生了苯酚的气味，则为严重缺陷。

SCAA杯测评分标准

如今，世界各地的精品咖啡从业者都会使用美国精品咖啡协会（SCAA）制定的评分标准来衡量咖啡在感官方面的表现。

这让所有从业者都能用同一种语言来评价咖啡，向消费者传递信息。但是比较只能在可比较的各项之间进行，比如肯尼亚咖啡与巴西咖啡差别极大，二者无法比较，正如我们不会将勃艮第和朗格多克的葡萄酒进行比较一样。

因此，我们只会对比同样产自巴西的不同咖啡，比较巴西的各种风土、农场、处理方式、豆种、同一农场的不同地块等，然后为顾客选出一种最适合他的咖啡。

若同一大片区域出产的咖啡质量相似但特点不同，我们也能将它们进行比较。比如，在东非高海拔地区出产的咖啡中，可以将埃塞俄比亚、肯尼亚、坦桑尼亚和卢旺达的咖啡放在一起进行比较。在此类杯测中，我们可以利用咖啡间的不同点来评估各类咖啡，进而指导生豆采购，扩充品种，并清楚地告知顾客某种咖啡相对于其他咖啡有何特点。

SCAA杯测评分法是一种满分为100分的打分方法。只有咖啡的分数大于等于80分，才能被归为精品咖啡。

· 80～84.99分："良好"等级

· 85～89.99分："优秀"等级

· 90～100分："超凡"等级

从6至10分对以下标准进行打分：

· 干香／湿香（fragrance-aroma）

· 风味（flavor）

· 酸度（acidity）

· 强度（intensity）

· 口感（body）

· 余韵（aftertaste）

· 一致性（uniformity）：同种咖啡的各杯之间

· 平衡感（balance）

· 纯净度（clean cup）

· 甘度（sweetness）

· 整体印象（overall）

· 缺陷（defaults）：将成为最终评分的扣分项，根据缺陷的强弱以及出现频率酌情扣分。

非正式杯测的其他建议

· 所有咖啡杯必须完全相同；

· 最佳水粉比是 8.25 克咖啡粉搭配 150 毫升水，根据杯子的大小调节水量，再根据水量和该水粉比调整咖啡粉量，误差可在 ±0.25 克之间；

· 应选用杯测开始前新鲜研磨的咖啡粉；

· 用于杯测的咖啡粉必须稍粗于用于滤泡的咖啡粉；

· 每次研磨后务必清洁磨豆机；

· 用于杯测的水必须清洁、无味，但不得经过蒸馏、软化；

· 水在倒入咖啡粉时应在 93℃左右。

精品咖啡的打分和评语

咖啡的名称可以帮助我们初步了解它的来源，背面的标签和品牌的网站通常会给出详细的补充信息：海拔、生产者、采摘方式、采摘年份、GPS 地理位置等。

经农业合作社集中处理的村庄咖啡举例：

埃塞俄比亚瓦拉加耶蒂有机日晒当地原生种瓦拉加（Éthiopie Wallaga Yeti bio nature Heirloom Wallaga）

埃塞俄比亚（Éthiopie）：生产国

瓦拉加（Wallaga）：产区或风土

耶蒂（Yeti）：采收村庄

有机（bio）：有机农作物认证

日晒（nature）：处理方式

当地原生种瓦拉加（Heirloom Wallaga）：豆种

庄园咖啡举例：

哥伦比亚拉斯玛加丽塔日晒帕卡马拉（Colombie Las Margaritas Pacamara nature）

哥伦比亚（Colombie）：生产国

拉斯玛加丽塔（Las Margaritas）：庄园

日晒（nature）：处理方式

帕卡马拉（Pacamara）：豆种

右页图·可溯源性：根据产地和生产者信息登记每个批次的咖啡豆。

Guyyaa.

Bufaata : yettii Qonaii/1777

Abbaa Bunaa ঙ৭৬

ᵏ ᵉ̄   870

          15 गर्

84分

巴西莫科卡巴巴铃波旁种黄卡杜艾（Brésil Mococa Bob-o-link Bourbon Catuai jaune）

湿香丰富，甜香明显，带有香草、焦糖、巧克力的香味。入口细腻，甜感十足。整体圆润、甘美，带有椰香、巧克力香和坚果香。视觉上简单、和谐。

86分

埃塞俄比亚瓦拉加耶蒂有机日晒当地原生种瓦拉加（Éthiopie Wallaga Yeti bio nature Heirloom Wallaga）

湿香丰富，巧克力、杏仁奶油香气明显。入口丝滑，甜感足，带微酸。鼻后嗅觉可以闻到瓦拉加日晒咖啡标志性的甜香料和蜂蜜香气。

87分

埃塞俄比亚瓦拉加杜里有机水洗当地原生种瓦拉加（Éthiopie Wallaga Dulli bio lavé Heirloom Wallaga）

湿香细腻，带有西柚的柑橘香。入口柔顺、纯粹，柠檬的香气将美味、优雅的余韵衬托得更加明显。

88分

埃塞俄比亚古吉锡达马日晒当地原生种西达摩（Éthiopie Guji Sidama nature Heirloom Sidamo）

具有爆炸性的香气和口感。强烈的香气和绵长的余韵令人印象深刻，带有樱桃、柠檬、黑加仑和生姜的香味，少许发酵味又增添了一丝高贵气质。口感浑厚、丝滑，视觉上和谐、强烈。

88分

埃塞俄比亚耶加雪啡干山当地原生种耶加雪啡（Éthiopie Yirgacheffe Mountain dried Heirloom Yirgacheffe）

湿香是一场茉莉、薄荷、百里香交织而成的盛宴。入口清新，质地精致、丝滑，带有李子和茶叶的香味。很难想象这是经过日晒处理的咖啡，视觉上十分纯净，有易消化、复杂之感。真是个奇迹！

哥伦比亚拉斯玛加丽塔日晒帕卡马拉（Colombie Las Margaritas Pacamara nature）

湿香强烈、讨喜，带有柠檬的柑橘香，以及热带水果和新鲜杏仁的香气。入口甜感、果味十足，极其活泼但口感稠腻。精致的发酵味是这杯非凡咖啡的点睛之笔。

89分

哥伦比亚拉斯玛加丽塔水洗红波旁（Colombie Las Margaritas Bourbon rouge lavé）

湿香红果香气突出。入口略有酸味，甜感十足。余韵纯净、甘甜、平衡。口感稠腻。

86.5分

肯尼亚基安布吉塔尔水洗 SL28（Kenya Kiambu Gitare lavé SL28）

湿香青苹果香气突出。入口活泼、纯粹、明快，带有苹果和番茄酱的香味。口感细腻，成色鲜亮。

87分

萨尔瓦多喜马拉雅日晒红波旁（Salvador Himalaya Bourbon rouge nature）

日晒处理的特点在品尝过程中显露无遗：湿香浓烈、丰富，覆盆子、梨、草莓的果香极浓。入口，突出的黑巧克力味盖过了甘甜、清新的果味。口感如糖浆般浓稠。

87分

萨尔瓦多喜马拉雅蜜处理卡杜拉（Salvador Himalaya Caturra Honey Process）

湿香丰富，带有巧克力和蜂蜜的香气。入口能感受到清新的果味，酸味适中、口感圆润、丝滑。视觉上和谐、完美平衡。

86.5分

100分

巴拿马德博拉庄园水洗瑰夏（Panama Geisha Finca Deborah lavé）

初看纯净得完美无瑕。湿香细腻，花香、柠檬香明显。口感精致、优雅，茉莉花香芬芳、持久，与茶叶和红果的香味完美融合，平衡感无可指摘。余韵悠长、精致。庄园近乎艺术的劳作成就了这款竞赛级别的咖啡豆。

88.75分

印度尼西亚巴里桑达水洗古老原生铁皮卡（Indonésie Bali Sunda lavé Typica anciens）

这是一款出色的咖啡。木瓜和梨的果香在花香的衬托下显得更加高贵。余韵绵长、妖娆得令人难以置信。焦糖的香味赋予其如利口酒一般的质地。

90分

哥斯达黎加阿祖尔火山蜜处理红SL28（Costa Rica Volcan Azul SL28 Red Honey Process）

肯尼亚SL28种在哥斯达黎加的一次完美诠释。湿香带有青苹果和红茶香。入口甜感极强，口感稠腻却不乏活泼。发酵味让该款独一无二的咖啡更具力量，适合喜欢发酵味的人士。余韵精妙绝伦。

咖啡购买

Acheter son café

想必许多读者在阅读完之前的几个章节后都迫不及待地想冲向烘焙师的店铺了吧。或许有些人会在品尝好咖啡的高门槛前望而却步，还有些人可能只是依靠机遇、时间和预算来选购咖啡。下面让我们回顾一下购买咖啡的几种方式，对一些概念有一个更清晰的认识。

胶囊咖啡

胶囊咖啡是近年来发展最快的咖啡行业。5 年前还未跻身超市的胶囊咖啡如今已经占据了三分之一的咖啡货架。自从 Nespresso 专利进入公共领域，一有新产品推出，各大跨国公司都会在市场营销方面投入大量财力，生怕错过高价出售平庸咖啡的绝好机会。咖啡成了一种高雅、讲究的产品，也走起了奢侈品广告的套路：豪车、美女、豪宅、电影明星……

为何如此成功？

胶囊咖啡是最快捷、最"整洁"的意式浓缩制作方式，且做出的咖啡表现稳定。它将咖啡的制作过程简化到了极致，粉量和水量都已事先设定，无须调节。

设备购买方面也没有任何门槛，胶囊咖啡机价格低廉，有时甚至随豆附赠，其目的在于用更吸引眼球的方式兜售消耗品，获得消费者的青睐，与买打印机附送墨盒，买手机附送长期套餐的道理一样。

Nespresso 是胶囊咖啡的发明者、十几年来潮流的引导者，是无可争议的行业龙头。法国是 Nespresso 的第一大市场，虽然自从竞争出现后，该品牌在法国的销量已经下降了 20%。

TERRES DE CAFÉ

CERRO AZUL
GEISHA

COLOMBIE

FRUITÉ ET FLORAL

SCORE
88+

可持续生产

· UTZ

UTZ 认证项目的目标是缔造一个农业可持续的世界，即生产者们采取良好的农业行为，在农场盈利的同时尊重人与自然。在该项目的框架下，可持续的生产模式能够得到资金支持和褒奖，消费者也可以放心购买、享用产品。

· 精品咖啡和 Q 咖啡体系

精品咖啡没有自己的标签，咖啡能否被评为精品咖啡取决于它给人的感官享受，由评分表上的分数决定。

虽然存在评分表，但是味道始终是一种主观看法，且咖啡的评分很可能被生产者、进口商、烘焙商和经销商的利益左右。

以美国精品咖啡协会的技术标准为基础，咖啡质量机构（CQI，Coffee Quality Institut）制定了一套 Q 咖啡体系（Q Coffee System），目的是在国际上推行统一的咖啡质量标准（杯中表现和等级），方便精品咖啡贸易。该体系的评分标准将生产者、进口商和烘焙商提出的质量概念变成了白纸黑字。

咖啡品鉴师（Q Grader）会在咖啡生产国和最终消费国进行咖啡品鉴。但是咖啡品鉴师终究是人，与葡萄酒品鉴师一样，不同的咖啡品鉴师对同一杯咖啡的打分可能不同，且会受到各自国籍的影响。但咖啡品鉴师的好评是咖啡质量的一项额外保证。

至于公平贸易，精品咖啡都符合公平贸易原则，因为凭我个人购买咖啡生豆的经验，精品咖啡比贴有"公平贸易"标签的咖啡价格还要高出 15% 至 100%。

左页图：农场工人

地点：危地马拉博尔萨庄园

• Akuo 基金会 /Akuo 基金会拼配豆

Akuo 基金会由法国 Akuo 能源集团成立，该集团在国际范围内独立生产可再生能源，见长于利用可再生资源（风能、太阳能、水能、生物质能、生物气体和潮汐能）建设发电组。

在卢森堡基金会的赞助下，Akuo 基金会参与、支持非营利性可持续发展项目，使其世界范围内的合作伙伴得以帮助当地贫困人口、保护环境。基金会在四个领域采取行动、履行使命。

咖啡之地专为该基金会推出了 Akuo 基金会拼配豆——产自埃塞俄比亚瓦拉加咖啡森林的高档混合咖啡豆。该拼配豆 10% 的销售额会投入 Akuo 基金会，用于为偏远地区的学校、医疗设施以及咖啡合作社发电，取代污染环境的柴油发电机。

Akuo 基金会拼配豆贴有有机、森林咖啡和 Akuo 基金会的标签。

至此，我已不想继续唾弃超市，给自己平添烦恼。所有人最终都会明白超市不是购买好咖啡的理想场所。但任何定理都有那么几个例外，一些超市如今改变思路，推出当地产品，提供由当地烘焙商混合、烘焙的拼配豆。这个点子着实诱人，但是务必选购高质量且未磨成粉的咖啡豆，避免超市直接售卖的咖啡粉。

超市

购买一袋咖啡应是您与手工烘焙商分享喜悦的时刻。购买新鲜咖啡就像去面包房买面包，去奶酪店买奶酪，去肉铺买肉一样。这些小商户对自己的产品了如指掌，将它们精心挑选、制作出来。

烘焙商

但是并非所有面包房和肉铺的产品都同样优质，烘焙商也有优劣之分。

您的味蕾最有发言权，除此之外，还存在一些能够帮助您判断烘焙商能力的标准：

• 他是否让您在购买前试喝咖啡？

• 若提供试喝，他是用自动还是手动咖啡机为您制作？

• 对于意式浓缩和温和冲煮法制作的咖啡，他是否采用了不同的烘焙程度？

• 他是否能讲出咖啡的来源？

• 他是否能就您回家以后的制作方式提供建议？

• 他是直接出售咖啡粉还是仅在您的要求下提供研磨服务？

读完本书您便会知晓以上问题的答案，之后只需探索不同种类的咖啡，找出最适合您的一种，让它装点您的日常生活。好奇心不会穷尽，发现新鲜的愉悦感受是一种乐趣，尽管尝试烘焙商推出的新品，去法国本土或以外的其他烘焙商那里一探究竟。品尝、了解得越多，对咖啡的热爱便会越深。

危地马拉

这是中美洲最西边的咖啡产地……从危地马拉城出发，必须小心翼翼驱车 7 小时才能到达坐落在世界尽头、海拔 1900 米的韦韦特南戈市，这是通往世界最美咖啡树山谷的大门。

罗伯托·比德斯（Roberto Vides）的拉博尔萨庄园栖息在两座壮丽的岩石山峦之间，这篇旅行报道记录了我在那里度过的一日时光。

01. 韦韦特南戈的日出。

02. 卸下清晨采摘的咖啡樱桃，立刻
    开始日晒或水洗处理。

03. 拉博尔萨庄园的培育地：每株咖
    啡树苗在下地之前都会先在这里
    培育一年。

04. 满载新鲜咖啡樱桃的皮卡一辆接一辆地下山。

05. 在晾晒场上翻动连带内果皮的咖啡豆。

06. 培育地严格遵守可溯源性做法。

咖啡与美食
Café & gastronomie

　　将咖啡当作一种食材用于烹饪的做法由来已久，但它浓烈的风味很难与其他食材相容。

　　下面是我的邻居与好友克劳德·科利奥（Claude Colliot）大厨研制的一系列食谱，在他手中，咖啡变成了一种香料、调味品，被精妙、细腻地运用在了料理中。

咖啡：哥伦比亚拉斯玛加
　　　丽塔日晒帕卡马拉

烤蘑菇配蛋黄、鼠尾草和咖啡

将黄油加热至产生气泡，放入整只蘑菇，文火炙烤 10 分钟左右。

炙烤完成后，撒上咖啡粉和精心修剪的鼠尾草。

与生蛋黄一同摆盘。

4 人份材料

500 克蘑菇

50 克黄油

2 克哥伦比亚帕卡马拉咖啡粉

4 个蛋黄

盐和胡椒

鼠尾草

咖啡：埃塞俄比亚杜
里水洗摩卡

龙虾卡
布奇诺

将龙虾放在沸腾的盐水中烹煮 10 分钟。捞出，取龙虾肉备用。

土豆削皮，在盐水中煮熟，水中加入百里香和月桂叶调味。将煮熟的土豆与少许煮土豆用的水一同打成土豆泥。

打发鲜奶油。

在盘底铺上土豆泥，将切好的龙虾肉放于其上，再用奶油收尾。撒上咖啡粉和旱金莲花瓣。

4人份材料

1 只龙虾

600 克土豆

300 毫升液体鲜奶油

橄榄油

旱金莲花瓣

2 克埃塞俄比亚杜里咖啡粉

盐和胡椒

百里香

月桂叶

咖啡：肯尼亚基安布吉塔
尔水洗 SL28

柑橘风味生牛肉口蘑配甘草、开心果、咖啡

将生牛臀肉细细绞成肉泥，用橙子、柠檬、青柠、盐、胡椒和香茅丝调味，再与液体奶油混合搅拌。备用。

制作甘草调味料：将蜂蜜、芥末、甘草粉与无味食用油一同搅拌，直至达到期望质感。

将开心果随意碾碎，得到不同形状、大小的颗粒。

将口蘑对半切开，再用切片器切成薄片。

用草帽盘盛装所有材料。撒上咖啡粉和少许橙皮。

4人份材料

200 克牛臀肉

1 个橙子

1 个柠檬

1 个青柠

1 根香茅

100 克液体奶油

100 克蜂蜜

100 克芥末

5 克甘草粉

无味食用油

20 克开心果

15 克口蘑

2 克肯尼亚吉塔尔咖啡粉

盐和胡椒

咖啡：印度尼西亚桑达水
　　　洗铁皮卡

喷枪烤圣雅克扇贝配西柚、花菜和咖啡

打开圣雅克扇贝，清洗、挑出贝肉，用手挤压，再用喷枪将贝肉烤熟。备用。

芒果削皮、切丁后放入小平底锅，倒入百香果汁，直至没过芒果。烹煮 20 分钟。搅拌至质地顺滑。

用擦丝器将花菜擦成粗粉状。

摆盘，并用少许西柚皮和咖啡粉调味。

撒上旱金莲花瓣和鲜核桃碎。

4人份材料

8 个圣雅克扇贝

1 个泰国青芒

300 毫升百香果汁

半棵花菜

1 个西柚

2 克印度尼西亚桑达咖啡粉

4 片旱金莲花瓣

50 克鲜核桃

咖啡：哥伦比亚塞罗阿祖
　　　尔水洗瑰夏

咖啡蜂
蜜烤梨
配意大利
蛋白霜

将一只西洋梨一分为二。

在平底锅内放入蜂蜜、黄油和咖啡粉，文火融化。将两瓣梨切面朝下放进平底锅，加热 1 小时 30 分钟。

打发蛋白。

将糖和水混合搅拌，加热至 120℃，制成糖浆。

将糖浆倒入打发的蛋白中，让打发器继续打发 1 分钟左右。

摆盘，在每瓣梨上各装饰一粒咖啡豆。

4人份材料

2 只西洋梨

100 克蜂蜜

20 克黄油

2 克哥伦比亚瑰夏咖啡粉

180 克蛋白

350 克粗砂糖

180 毫升水

4 粒咖啡豆

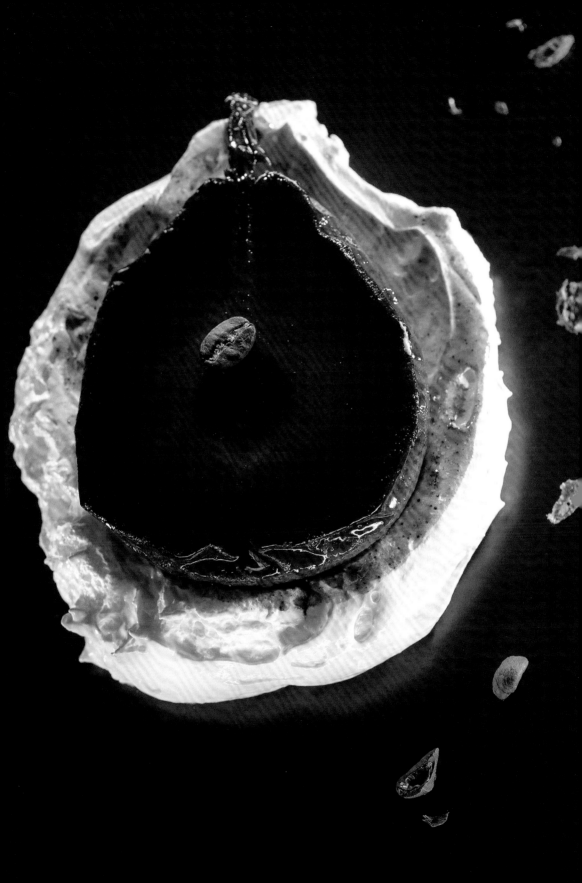

咖啡：埃塞俄比亚古吉
日晒摩卡

巧克力之泪配糖渍黑橄榄和柑橘，榛仁、咖啡调味

用糖浸渍去核黑橄榄、切成四分之一大小的橙块以及斜切的香茅秆。文火煎 12 分钟，搅拌，冷藏保存待用。

在隔水炖锅中融化巧克力，加入牛奶，搅拌，得到浓稠的甘纳许。

在烤箱中烘烤榛仁。

用糖和黄油制作焦糖，将热焦糖浇在烘烤好的榛仁上，再将榛仁碾成粗粒。

摆盘。撒咖啡粉。

4人份材料

200 克黑橄榄

2 个橙子

2 个柠檬

2 个青柠

1 根香茅秆

200 克糖（用于浸渍）

200 克 70% 黑巧克力

500 毫升全脂牛奶

50 克榛仁

50 克糖（用于制作焦糖）

20 克黄油

2 克埃塞俄比亚摩卡咖啡粉

结语
Conclusion

有知识、有好奇心、不将就、不断追求高质量产品的
消费者定能让精品咖啡慢慢开花结果。

每一粒小小的咖啡豆都讲述着一段关于过去、现在和未来的故事。到达我们手中时，它已经饱经沧桑。它被经验丰富、满怀热情的人们摘下，经过两次加工后带着扑鼻的香气来到我们面前，准备接受最后一道加工，为我们带来即刻的愉悦享受。

咖啡用 300 年征服了世界，之后又用了几十年时间让世界第二次为之倾倒。虽然精品咖啡不过是"小荷才露尖尖角"，其消耗量目前仅占世界咖啡总消耗量的 4%，但它逐年递增的迅猛涨势让职业观察家做出了如下预测：10 年后，精品咖啡交易量将占咖啡市场总交易量的 10%，数量等同于 1500 万个 60 千克的麻袋，重量将达 90 万吨，仅法国一国的消耗量便会达到 4 万吨。

因此，有知识、有好奇心、不将就、不断追求高质量产品的消费者定能让精品咖啡慢慢开花结果。

咖啡爱好者已经开始按照产地、区域或豆种挑选咖啡。在不久的将来，越来越多的人会根据庄园、种植者和烘焙者的声誉以及发酵、干燥方式来选购咖啡。

过去我们购买葡萄酒时只关注它是产自波尔多还是勃艮第，如今我们还会了解它的酒庄、风土，关注该葡萄品种是否有潜力，是否运用了特殊的酿造方法，是否采用了生物动力农业……

法国人饮用的葡萄酒总量虽然减少了，但质量却提高了。我相信咖啡也是如此，甚至在咖啡质量提高的同时，饮用量也会增加，因为各式各样的精品咖啡会让非咖啡爱好者、爱喝茶的人士、青少年、咖啡因无效人群爱上咖啡，让咖啡因上瘾者发现原来咖啡还能带来且尤其能够带来味觉上的愉悦体验。

　　为达成这一目标，精品咖啡行业需要接受诸多挑战。需求一旦大幅提高，生产者便会发现气候变化对农业用地的影响速度比预期的更快；精品咖啡的传统烘焙商必须诚信经营、严格要求，不能为了数量而牺牲质量；消费者必须抵住工业生产企业的市场营销，它们不会眼睁睁地看着自己的市场份额被夺走。真相在咖啡杯里，而不在广告里。

　　真相在这颗小小咖啡豆的故事里，在它生长的火山土里，在照耀它、为它提供光线的阳光里，在保护着它、避免它被阳光灼烧的 300 岁古树的树荫里，在滋养它的水分里，在采摘者的掌心里，在种植者卓越的技能、烘焙师警惕的目光、咖啡师严格的要求里。所有这一切构成了咖啡大产业中的一个小产业，引领着一场行业革命，唤醒人们关于咖啡豆尘封已久的记忆。

　　当我们购买了一袋精品咖啡豆，我们不光买到了一袋美味的产品，还收获了一段故事。我们的消费行为因此变得与众不同，升级成为一种社会和哲学行为。它是社会行为，因为对质量的追求普遍提升了农场工人及其子女的待遇，增强了人们对其工作的认可。它是哲学行为，因为消费健康、环保、出自有志者之手的产品是一种自由。

致谢

献给埃贡、多里安和佐尔坦，献给我的妻子让娜，感谢她在这场费时费力的冒险中一直伴我左右。

感谢我的祖父莫里斯，作为烘焙师的他给予了我无限的关爱，还为我留下了关于咖啡和发胶的气味记忆！

感谢我深爱的母亲和祖母，她们一直帮助我寻找自我，任由我追随自己的热情。

感谢咖啡之地的所有成员，无论是已经离开还是一直留守的老员工，或是加入不久的新员工。所有人都已为或正在为技术的进步和研究贡献自己的力量。尤其感谢若阿基姆·莫尔索为《咖啡师》一章出镜，还提供了他自己的咖啡配比。

感谢我们的邻居克劳德·科利奥大厨，感谢他的菜单和成品，以及他对咖啡的热情。

非常感激 Belco 公司的亚历山大·贝朗热（Alexendre Bellangé），每次我提出新的挑战，他都欣然接受，并给予我明确、善意的建议。应该说整个法国精品咖啡行业都应该感谢他。

非常感激托马·里耶热尔（Thomas Riegert），有勇气、有远见的他创立了烘焙师协会（Compagnie des torréfacteurs），他一直用友谊和热情支持着我。

感谢雅克·尚布理永（Jacques Chambrillon），他带我领略了埃塞俄比亚和生长在该地的神奇咖啡，我的冒险旅程正是从这里开启。

感谢我的编辑安托万·卡姆（Antoine Cam），为了让这本书成为现实，他竭尽全力。同时感谢让娜·卡斯托里亚诺（Jeanne Castoriano），感谢她耐心地完成本书最后的编辑工作。

感谢法布里斯·勒塞尼厄为这本书拍摄了这么多美丽的照片。他有求必应，总是面带笑容，哪怕在登上一处海拔 2000 米的咖啡森林后被一名埃塞俄比亚士兵用步枪指着脑门，他还是那么从容。在之后的旅途中我一定会很想念他。

感谢埃里克·斯科托，这位集勇气、远见、行动力于一身的企业掌舵人一直秉持"让地球再次美好"的理念，能请到他来为我的书作序我感到很荣幸。

衷心感谢埃马纽埃尔·伊索拉（Emmanuel Issaurat），这位 30 年来一直陪伴我的挚友（岁月不饶人！），他在当包括他自己在内的所有人还不知道精品咖啡为何物时选择相信我。马纽，谢谢你。

最后，感谢热雷米·特里加诺（Jérémie Trigano），我一路上的旅伴，他一直为我指点迷津，保驾护航。

图书在版编目（CIP）数据

好咖啡为什么好 : 精品咖啡的溯源之旅 / (法)克
里斯托夫·塞韦尔著 ; (法)法布里斯·勒塞尼厄摄 ;
贾德译. -- 北京 : 中国友谊出版公司, 2021.3 (2021.12 重印)
　　ISBN 978-7-5057-5096-8

Ⅰ.①好… Ⅱ.①克… ②法… ③贾… Ⅲ.①咖啡—
普及读物 Ⅳ.① TS273-49

中国版本图书馆 CIP 数据核字 (2021) 第 019434 号

著作权合同登记号　图字: 01-2021-1202

Originally published in France as:
Culture café – La révolution du café de spécialité
By Christophe Servell and photographed by Fabrice Leseigneur
©2017– Editions de La Martinière, une marque de la société EDLM
Current Chinese translation rights arranged through Divas Internatinal, Paris
巴黎迪法国际版权代理 (www.divas-books.com).

本书中文简体版权归属于银杏树下（北京）图书有限责任公司。

书名	好咖啡为什么好：精品咖啡的溯源之旅
作者	[法]克里斯托夫·塞韦尔 著
	[法]法布里斯·勒塞尼厄 摄
译者	贾　德
出版	中国友谊出版公司
发行	中国友谊出版公司
经销	新华书店
印刷	嘉业印刷（天津）有限公司
规格	787×1092 毫米　16 开
	13.75 印张　145 千字
版次	2021 年 3 月第 1 版
印次	2021 年 12 月第 2 次印刷
书号	ISBN 978-7-5057-5096-8
定价	68.00 元
地址	北京市朝阳区西坝河南里 17 号楼
邮编	100028
电话	（010）64678009